高等学校电子与电气工程及自动化专业系列教材

电路实验教程

主编 王宏江
参编 高 异

西安电子科技大学出版社

内 容 简 介

本书是电路基础和电路分析基础课程的配套实验教材，根据电路课程内容并结合实验室的设备条件，按照课程进程的先后次序进行编写。实验内容包括电路理论的验证和基本常见仪器、仪表的正确使用，以及三个综合设计实验，这三个实验可作为卓越工程师班级的选做内容。附录部分包含常用仪器、仪表的原理和使用，以及常用电子元件的基本知识。

本书可作为大学本科、专科电类专业电路基础和电路分析基础课程的实验指导教材，同时也可作为电子爱好者的参考用书。

图书在版编目(CIP)数据

电路实验教程/王宏江主编. —西安：西安电子科技大学出版社，2014.1(2023.7 重印)
ISBN 978-7-5606-3254-4

Ⅰ. ①电… Ⅱ. ①王… Ⅲ. ①电路—实验—高等学校—教材 Ⅳ. TM13-33

中国版本图书馆 CIP 数据核字(2013)第 292413 号

责任编辑 张 玮 高 樱
出版发行 西安电子科技大学出版社(西安市太白南路 2 号)
电　　话 (029)88202421 88201467　　邮　　编 710071
网　　址 www.xduph.com　　电子邮箱 xdupfxb001@163.com
经　　销 新华书店
印刷单位 西安日报社印务中心
版　　次 2014 年 1 月第 1 版 2023 年 7 月第 6 次印刷
开　　本 787 毫米×1092 毫米 1/16 印 张 6
字　　数 135 千字
印　　数 5301～6300 册
定　　价 19.00 元
ISBN 978-7-5606-3254-4/TM
XDUP 3546001-6

前 言

本书是为高等工科院校“电路基础”和“电路分析基础”课程编写的实验指导教材。全书内容是根据教育部颁发的高等工科院校电路课程基本教学要求和教学大纲，在总结长期实验教学的基础上，结合实验室的条件，由编者结合多年实验教学经验编写而成的。

本书包括11个实验和2个附录。具体实验内容可以根据专业方向和实验学时的不同来选择。实验内容中包含三个综合设计实验，可作为卓越工程师班级的选做内容。附录部分可以帮助学生了解和掌握常用的仪器、仪表的基本原理及使用以及常见的基本电路元件的正确使用，拓宽学生的知识面，达到实验教学效果。

本书在编写过程中，得到了尹有为、王馨梅、郑莉萍、李芳和侯浩录等老师的大力支持与帮助，高异老师完成了全书的核对工作在此表示感谢！

由于编者水平有限，书中难免有不妥之处，恳请广大读者批评指正。

编　者

2013年7月

目　　录

实验一　电位测量与故障排除 …… 1
实验二　受控电源 …… 4
实验三　戴维南-诺顿定理 …… 9
实验四　一阶电路的响应 …… 13
实验五　二阶电路的响应 …… 17
实验六　交流参数的测定(综合设计) …… 21
实验七　功率因数的提高 …… 25
实验八　耦合电感(综合设计) …… 28
实验九　*RLC* 串联谐振电路(综合设计) …… 31
实验十　三相电路电压电流的测量 …… 35
实验十一　三相电路功率的测量 …… 38
附录 A　常用电工仪表及电子仪表 …… 42
附录 B　常用电子元件 …… 83
参考文献 …… 89

实验一　电位测量与故障排除

一、实验目的

（1）学习电路正确的接线方法。

（2）进一步理解电位和电压的概念，学习用电压表排除电路故障的基本方法。

（3）学习并了解磁电系仪表的原理、结构、特点和用途。

（4）分析并理解仪表内阻对测量结果的影响。

二、原理与说明

1. 电位的高低与参考点

电路中电位的高低是以参考点的电位进行比较的，我们通常取参考点的电位为“零电位”。如果电路中某点的电位比参考点电位高，则该点电位为正；反之，该点电位为负。

参考点可任意选取，但参考点确定以后，只要电路参数保持不变，电路中各点电位的值就是唯一的。参考点不同，各点电位也随之改变，但电路中任意两点之间的电位差是不变的。

2. 接线方法

进行实验，首先是接线，把仪表、设备及元件连接成具体的实验电路。正确接线方法如下：

（1）看懂电路图，分析电路的基本特点。

如图 1－1 所示电路，看起来好像是复杂电路，实质上是简单电路。因为该电路可以分成三个部分：第Ⅰ部分是 I_S、R_1、R_2、R_3、R_4 组成的简单电路；第Ⅱ部分是由 U_{S1} 和 R_5 串联的一个支路；第Ⅲ部分是由 U_{S2} 和 R_6、R_p 组成的简单回路。不难看出电路的Ⅰ和Ⅲ两部

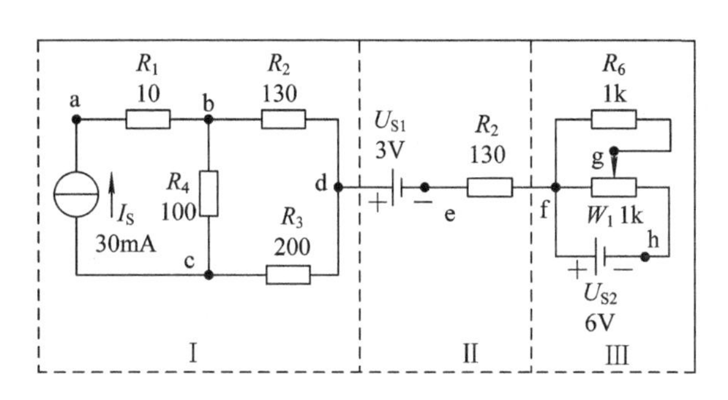

图 1－1　电位测量电路图

分是独立的网络，它们虽然被U_{S1}和R_5连起来，但这样的连接只有电位的联系而没有电流的联系。

(2) 电路中的电压源和电流源应先调整完成后，在断电情况下接入电路。

(3) 按照“先串后并”、“先分后合”的方法将复杂电路化简，然后再连成完整的电路。

以图1-1为例，所谓“先串后并”，是先将I_S、R_1、R_2、R_3逐个串联起来，然后将R_4并联在b、c两点之间。所谓“先分后合”，是先将整个电路分割成几个部分，如图1-1中所示沿虚线将原电路分成三个部分，先把各部分连接好，再用中间支路将左、右两部分连起来成为一个完整的电路。

3. 电路故障的排除

根据表1-1计算出以c点为参考点的各点电位数值，与实测的各点电位值进行比较，若两者区别不太大(一般应小于10%)，可认为电路连接正确，否则应按照下述步骤进行故障判断和排除。排除故障常用欧姆表和电压表。欧姆表可以检测单个元件或导线是否完好，但它不能在电路电源作用下对电路进行检测，所以欧姆表检测故障有一定的局限性。而电压表是可以在电路电源作用下对电路进行检测的，所以电压表检测电路故障应用广泛，它的基本方法是通过测出电路中各连接点电位的变化来判断出故障点。例如测量图1-1所示电路各点电位(取c为参考点)，发现$\phi_c=\phi_d$，问故障可能在什么地方?

首先应明确在正常情况下，$U_{cd}=I_3\times R_3\neq 0$。现在$\phi_c=\phi_d$，即$U_{cd}=0$，说明电路有故障，故障原因可能是$I_3=0$或$R_3=0$。把支路从c、d两端断开，用欧姆表检查$R_3$是否完好，若$R_3$完好，说明故障原因不在cd支路，应检查与其相关的其他支路。其方法仍然是用电压表测其他各节点电位，若$\phi_b\neq 0$，则b、c支路正在工作，所以故障一定在bd支路，例如b、d间发生断路。

4. 电位的测量方法

测量电位采用电压表。该实验提供两种电压表，即C65磁电系的电压表和数字式万用表的电压挡。注意测量时应该选取合适的量程，以便得到正确的测量结果。

使用C65电压表测量电位，首先应选择合适的量程，再将电压表的负极连接到参考点(c点或g点)上，将电压表的正极连接到待测电位点；若电压表正偏，则表示该点电位值为正值，记录仪表读数；若电压表反偏，则表示该点电位值为负值，这时应将电压表测量表笔极性调换，再读出电压读数，应注意此时的电位值为负数。

使用万用表测量电位则比较方便，由于仪表除了直接显示电位的数值外，还同时显示电位的极性。需将电压表的负极(公共端COM)连接到参考点，再将电压表的正极连接到待测电位点，可以直接读取电位的数值。

注：$\phi_g=0$的计算值是以$\phi_c=0$时使用万用表电压挡的测量值得到的。

三、实验内容

(1) 按图1-1所示的电路接线。

(2) 分别选c和g为参考点，用C65电压表和万用表测量各点电位，数据记入表1-1中。

表 1－1　电位测量数据表格

参考点		ϕ_a	ϕ_b	ϕ_c	ϕ_d	ϕ_e	ϕ_f	ϕ_g	ϕ_h	
$\phi_c=0$	计算值									
	测量值									万用表
										C65 电压表
$\phi_g=0$	计算值									
	测量值									万用表

四、注意事项

（1）注意直流电压表的极性，勿使指针反偏，并且选取合适的量程。

（2）注意直流稳压、稳流源及数字万用表的正确使用。

五、思考题

（1）如何正确地分析电位测量中计算值与测量值之间的偏差？

（2）使用 C65 电压表和万用表的电位测量结果有什么不同？分析电压表内阻大小对测量结果有什么影响。

（3）断开 ef 支路，整个电路分成两部分，它们之间是否有电位差？为什么？试用实验方法证实。

（4）如何应用所得实验数据验证 KCL、KVL 成立？

六、预习要求

（1）根据各元件的标称值计算各点电位。

（2）自学磁电系仪表的结构、原理和特点。

（3）自学有关稳压电源的调节使用方法说明。

七、报告要求

（1）根据实验数据，论述电位的“三性”。

（2）根据实验电路中的故障，总结排除故障的方法。

八、仪器设备

（1）双路直流稳压电源：一台。

（2）双路直流恒流源：一台。

（3）C65 直流电压表：一只。

（4）数字式万用表：一只。

（5）电阻网络板：一块。

实验二　受控电源

一、实验目的

（1）了解实际受控电源的特性。

（2）测试受控电源的控制及输入、输出特性，建立其电路模型。

（3）进一步掌握电压表、电流表的正确使用方法。

二、原理与说明

图 2-1示出了四种理想的受控电源电路模型。由图可见，受控源是一个具有两条支路的四端元件，其中一条支路 22′是一个电压源或电流源，另一条支路 11′为开路或短路，22′支路上电压源的电压或电流源的电流受 11′支路上开路电压或短路电流控制。可见受控源具有电源的特性，能同独立源一样向外界提供电压或电流，但是它的输出受输入量控制，因此受控源是一种非独立电源。

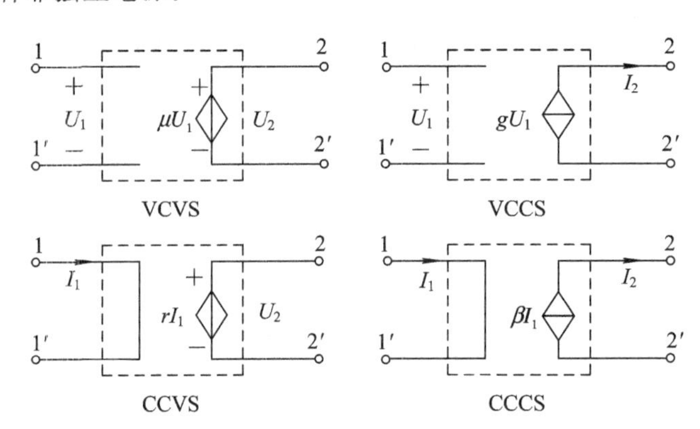

图 2-1　四种理想受控电源电路模型

受控电源的概念是理论分析和工程实践中一种重要的概念，实际中常称为放大器，其应用范围广泛。例如用于将微弱的传感器输出电压信号（毫伏级），放大成标准的电压信号的仪表放大电路，可视为电压控制电压源 VCVS。在分析三极管的特性时，在满足一定条件的情况下，引入了电流控制电流源 CCCS 模型或者电压控制电流源 VCCS 模型，可方便地进行分析处理。

在实际中最常用的受控电源类型为电压控制电压源 VCVS，一般多采用通用集成运算放大器实现，特殊应用可采用专用的集成放大电路。在具体应用中，需考虑实际的受控电源与理想受控电源的一些区别。下面以电压控制电压源为例，介绍其特性。

1. 受控电源的控制输入端

(1) 控制信号输入范围的限制，在规定的输入范围内才能保证输出信号与输入信号之间的线性关系，超过一定输入范围时输出电压将饱和，过大的控制输入信号将直接导致受控电源的损坏。

(2) 一般的电压控制电压源 VCVS 的输入端，当输入控制电压为U_1时，将有一个与之成正比的控制电流 I_1，该特性类似于一个电阻元件的特性，故称为等效输入电阻 R_i。该电阻可通过公式(2－1)来求出：

$$R_i = \frac{U_1}{I_1} \tag{2-1}$$

需注意的是，该电阻的阻值一般比较大，测量时应充分考虑电压表的内阻对测量结果的影响，即应考虑电压表、电流表相对位置对测量结果的影响。实际中测量该参数一般采取改变输入控制电压 U_1，测量多个输入的电阻值 R_i，取多点的平均值作为该受控电源的输入电阻 R_i。

2. 控制系数

(1) 受控电源的控制系数 μ 一般被认为是一个常数。但在不同的实际应用中应考虑对控制系数 μ 影响的一些因素。一般情况下，环境温度对控制系数 μ 的影响较大，在精密检测电路中应充分考虑；而在音频放大器等应用中，应考虑在不同的输入信号频率情况下控制系数 μ 的变化。

(2) 电压控制电压源 VCVS 的控制系数 μ 的测量方法是：在受控电源的输入范围内分别给定一组控制输入信号 U_1，同时测量对应的输出信号 U_2，控制系数为

$$\mu = \frac{U_2}{U_1} \tag{2-2}$$

取多点控制系数 μ 的平均值，即可认为是该电压控制电压源 VCVS 的控制系数 μ。

3. 受控电源的输出端

受控电源的输出特性是指当控制输入端信号确定后，输出端对外的电特性。

(1) 受控电源的输出均有输出功率的限制，对于电压输出类型的受控电源，输出电流有所限制，对于电流输出类型的受控电源，输出的开路电压有所限制，即受控电源的输出功率不能超过限定数值，否则将会影响其特性甚至会造成受控源设备损坏。

(2) 电压输出类型的输出特性：当控制输入端信号确定后，输出特性可等效为一实际的电压源串联一个小阻值电阻，其等效电路如图 2－2 所示。由于输出电阻 R_o的存在，在负载电流增大时，输出电压会线性地减小，如图 2－3 所示。输出电阻可通过公式(2－3)计算出：

$$R_o = \frac{\Delta U_2}{I_2} \tag{2-3}$$

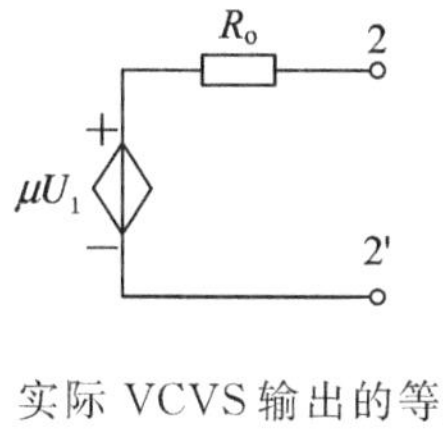

图 2－2　实际 VCVS 输出的等效电路

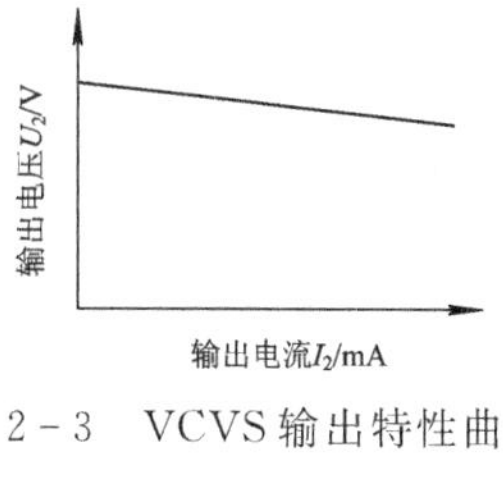

图 2－3　VCVS 输出特性曲线

该电阻数值一般很小，测量时应充分考虑电流表的内阻对测量结果的影响，即应考虑电压、电流表相对位置对测量结果的影响。

(3) 电流输出类型的输出特性：当控制输入端信号确定后，输出特性可等效为一理想的电流源并联一个大阻值的电阻，测量时应充分考虑电压表的内阻对测量结果的影响，即考虑电压、电流表相对位置对测量结果的影响。

4. 受控电源为有源元件

实际的受控电源为有源元件，在满足其正常工作电源的情况下才可能有相应的工作特性；在没有工作电源的情况下，给输入端加上控制信号，将可能会导致仪器设备的损坏，这在实验过程中应该特别注意。

三、实验内容

(1) 测定 VCVS 的控制特性和输入、输出特性。按图 2-4 接线。

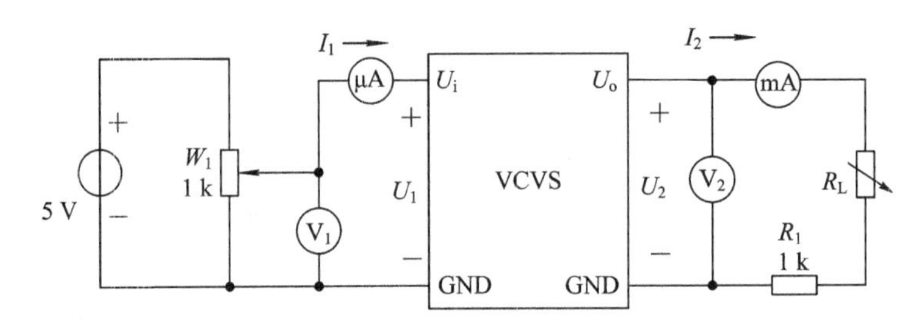

图 2-4 VCVS 特性测量电路图

① 固定 R_L值，根据表 2-1 通过调节分压器输出电压，测量对应的 U_1、I_1、U_2数据并计入表 2-1 中。

② 固定分压器输出电压 $U_1=4.5$ V，调节 R_L阻值，使电流 I_2变化，测量对应的 U_2和 I_2值，数据记入表 2-2 中。

表 2-1 VCVS 的输入特性和控制特性测量数据

U_1/V	0.00	1.00	2.00	3.00	4.00
I_1/μA					
U_2/V					
$R_i=\frac{U_1}{I_1}$/MΩ					
$\mu=\frac{U_2}{U_1}$					

表 2-2　VCVS 的输出特性测量数据

I_2/mA	0.00	2.00	4.00	6.00	8.00
U_2/V					
$R_o=\frac{\Delta U_2}{I_2}$					

注：实验条件 $U_1=4.5$ V。

(2) 选做内容：测定其余三种受控电源中任意一种的受控特性和输入、输出特性，实验参考线路如图 2-5、图 2-6、图 2-7 所示。

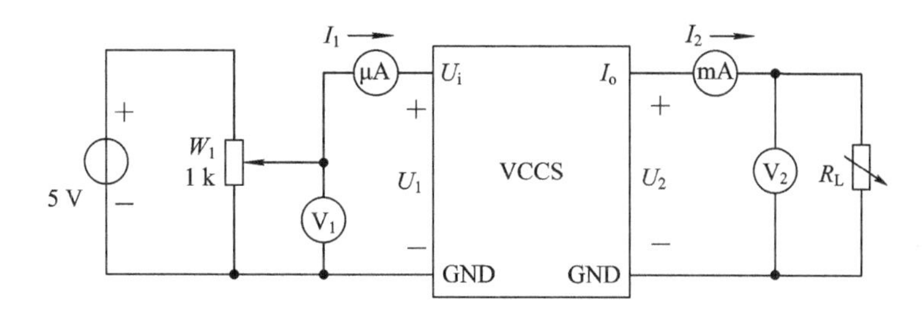

图 2-5　VCCS 特性测量电路图

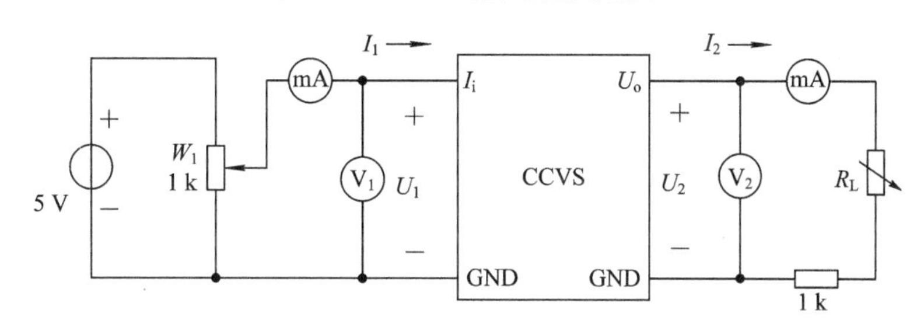

图 2-6　CCVS 特性测量电路图

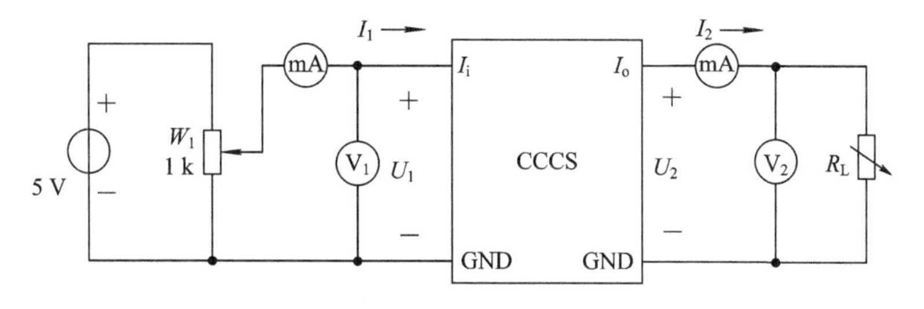

图 2-7　CCCS 特性测量电路图

四、注意事项

(1) 在测量过程中要确保受控源通电。

(2) 实验参数确保不超过仪器所给定的范围。VCVS、VCCS 的控制范围为 −5～+5 V，CCVS、CCCS 的控制范围为 −10～+10 mA，VCVS、CCVS 的输出电流为 −10～+10 mA，VCCS、CCCS 的输出开路电压为 −5～+5 V。

五、思考题

（1）在测 VCVS 的输入特性时，电压表、电流表的相对位置对测量结果有无影响？为什么？

（2）受控电源的输出特性和独立源的输出特性是否相同？

六、预习要求

（1）复习与受控电源有关的理论知识。

（2）对于选做实验内容，应拟定操作步骤、数据记录表格等。

七、报告要求

（1）根据实验数据，在坐标纸上画出相应受控电源的三条特性曲线，并求出相应受控电源的控制系数和输入、输出电阻，画出其电路模型。

（2）通过实验总结受控电源的性质。

八、仪器设备

（1）双路直流稳压源：一台。

（2）滑线电阻器：一台。

（3）C65 电压表：一台。

（4）C65 电流表(毫安表)：一台。

（5）C65 电流表(微安表)：一台。

（6）数字式万用表：一台。

（7）电阻箱：一台。

（8）受控电源实验盒：一台。

（9）电阻网络板：一块。

实验三 戴维南-诺顿定理

一、实验目的

(1) 通过实验方法验证戴维南-诺顿定理(下面简称为戴-诺定理)。

(2) 学习线性含源二端网络等效电阻和开路电压的测量方法。

(3) 通过实验，加深对“等效”概念的理解。

二、原理与说明

(1) 根据戴-诺定理，任一线性含源二端网络，对外电路来说，总可以用一个理想电压源与内阻串联的支路或一个理想电流源与内阻并联的支路来等效代替，如图3-1所示，其理想电压源的电压等于原网络a、b端口的开路电压U_{OC}，理想电流源的电流等于原网络a、b端口的短路电流I_{SC}，而内阻等于原网络所有独立源取零值时的等效电阻R_{eq}。

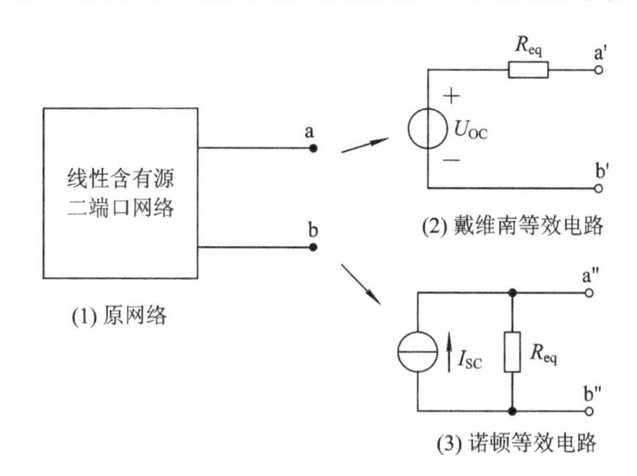

图3-1 含源二端口网络的等效电路

这里等效的概念是指含源二端网络被等效电路代替后，对a、b端口外电路中的电压和电流仍保持代替前的数值不变。例如在图3-1(1)的a、b端口、图3-1(2)的a′、b′端口、图3-1(3)的a″、b″端口各接上相同负载，则负载的电压、电流是相同的。

(2) 应用戴-诺定理时，被变换的二端网络必须是线性的，可以包含独立源和受控电源，但与外电路之间不允许存在耦合关系，如受控电源的耦合或者互感的耦合等。

(3) 含源二端网络等效参数的实验测定。

① 等效内阻的测量方法。

(a) 用万用表欧姆挡直接测量。测量时首先将含源网络内部的独立源取零值，即理想电压源用短路线代替，理想电流源用开路代替，使之变成一个无源二端网络，而后用万用表欧姆挡直接测量 ab 端的电阻值即为 R_{eq}，但测量精度不够高。

(b) 开路电压短路电流法。用此方法非常简便，只要测出含源二端网络的开路电压 U_{OC} 和短路电流 I_{SC}，根据公式(3-1)就可计算出等效电阻：

$$R_{eq}=\frac{U_{OC}}{I_{SC}} \tag{3-1}$$

但是此法只适应于含源网络等效内阻较大且短路电流不超过额定值的情况，否则会有损坏网络内部元件的可能。

(c) 加压求流或加流求压法。首先将含源二端网络内部所有独立源置零，然后在 a、b 端加一已知电压 U，测出输入端电流 I(见图 3-2)，则根据公式(3-2)可以求出等效电阻：

$$R_{eq}=\frac{U}{I} \tag{3-2}$$

此法适用于电压源内阻较小，电流源内阻很大的情况，否则在去掉电源的同时，电源内阻也去掉了，影响测量精度。另外，U 的大小要考虑到元件的额定功率。

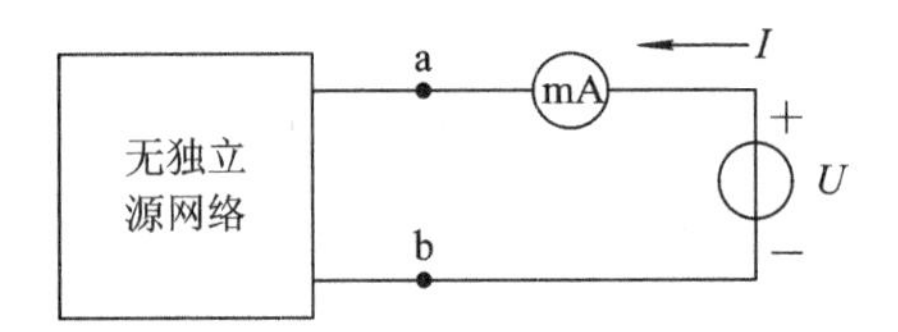

图 3-2　二端口网络的等效电阻测量

(d) 两次电压法。先测一次含源二端网络的开路电压 U_{OC}，然后在 a、b 端接一个负载电阻 R_L，再测出 R_L 两端的电压 U_L，则根据公式(3-3)可以得到 R_{eq}：

$$R_{eq}=\left(\frac{U_{OC}}{U_L}-1\right)\times R_L \tag{3-3}$$

(e) 利用特性曲线法。步骤是先测出含源二端网络的伏安特性曲线，见图 3-3，从曲线上任取两点，可根据公式(3-4)得到 R_{eq}：

$$R_{eq}=\frac{\Delta U}{\Delta I} \tag{3-4}$$

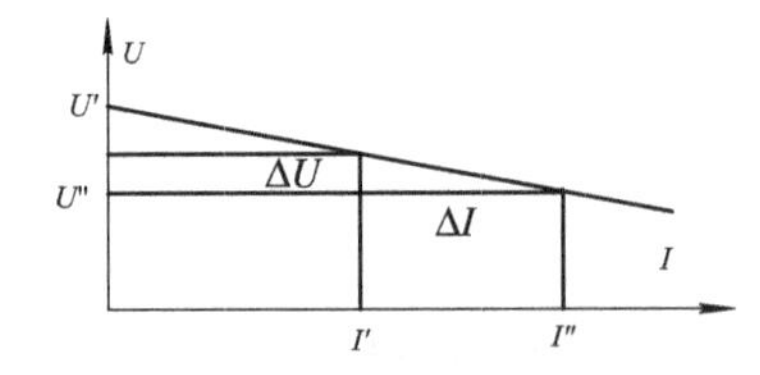

图 3-3　含源二端口网络的特性曲线

② 开路电压的测量方法。

(a) 直接测量法。当含源二端网络的等效内阻远小于电压表的内阻时，可直接用电压表测其开路电压 U_{OC}。一般选用高内阻的电压表，如数字表，对被测电路影响小。

(b) 补偿法。由于电压表内阻不够大，将改变被测电路的工作状态，使测量结果产生误差。采用补偿法可消除电压表内阻对测量造成的影响，测试线路如图 3-4 所示，图中 U_S 为可调直流稳压电源，万用表微安挡作检流计，可调电阻 R 用来限制电流。测量步骤如下：首先用电压表测量含源二端网络的开路电压 U_{OC}，调节稳压电源的输出电压 U_S，使它近似等于U_{OC}的初测值。然后，细调稳压电源的U_S值，使微安表指示为零。这时电压表的指示值U便是含源二端网络的开路电压U_{OC}。这是因为没有电流流过微安表，表明a、b两点等电位，所以$U=U_{ab}$。因为没有电流流过微安表，说明补偿电路的接入，没有影响被测电路。

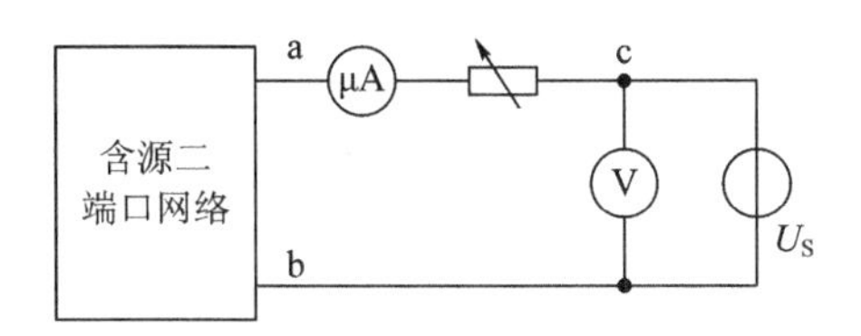

图3-4　补偿法测量二端口网络的开路电压电路图

三、实验内容

(1) 测定线性含源二端网络的外特性$U=f(I)$。

① 按图3-5接线。通过改变负载R_L，使端口a、b的电压变化，测量电流的数据并记入表3-1中。

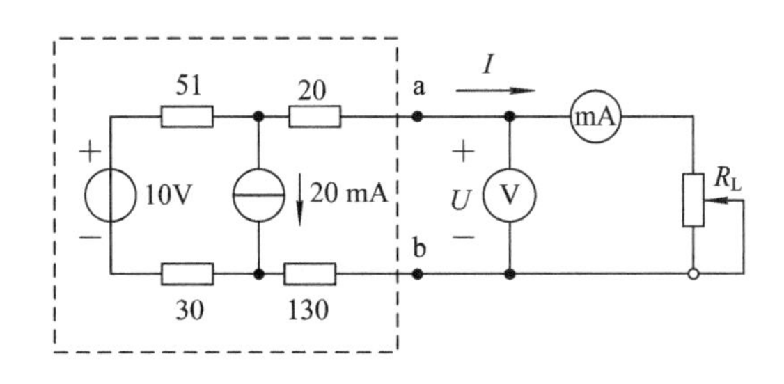

图3-5　二端口网络的特性测量电路图

表3-1　原始二端口网络的特性测量数据

U/V	0.00	2.00	4.00	6.00	
I/mA					0.00

② 根据测量结果，求出戴-诺等效电路的各等效参数U_{OC}、I_{SC}并根据公式(3-1)求出等效电阻R_{eq}。

(2) 用实验内容(1)中测得的U_{OC}及R_{eq}构成戴维南等效电路，通过改变负载R_L，使端口a′、b′的电压变化，测其外特性$U'=f(I')$，接线如图3-6所示，数据记入表3-2中。

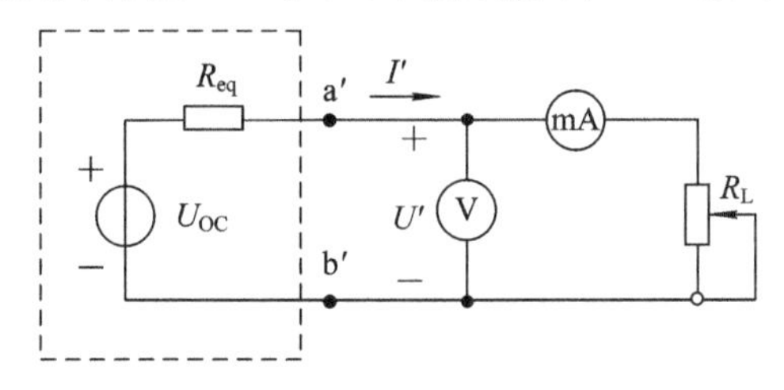

图3-6　戴维南等效电路的特性测量电路图

表 3-2 戴维南等效电路的特性测量数据

U/V	0.00	2.00	4.00	6.00	
I/mA					0.00

(3) 用实验内容(1)中测得的 I_{SC} 及 R_{eq} 构成诺顿等效电路，通过改变负载 R_L，使端口 a″、b″的电压变化，测其外特性 $U''=f(I'')$，接线如图 3-7 所示，数据记入表 3-3 中。

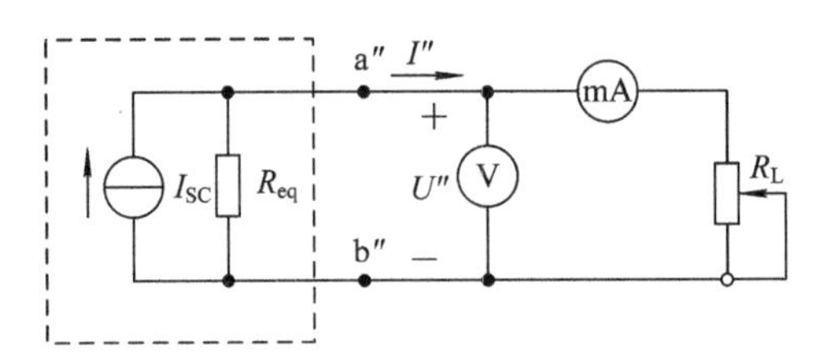

图 3-7 诺顿等效电路的特性测量电路图

表 3-3 诺顿的特性测量数据

U/V	0.00	2.00	4.00	6.00	
I/mA					0.00

(4) 选做内容。

实验室提供一非线性元件(二极管)，自拟线路，用实验数据说明戴-诺定理对非线性电路不成立。

四、思考题

求含源二端网络的等效内阻时，如何理解“原网络中所有独立源置零”？实验中如何将独立源置零？

五、报告要求

在同一坐标平面上作出实验内容 1、2、3 所测得的外特性曲线，并作分析比较。

六、仪器设备

(1) 双路直流稳压源：一台。

(2) 双路稳流源：一台。

(3) C65 直流电压表：一只。

(4) C65 直流电流表：一只。

(5) 数字式万用表：一只。

(6) 滑线电阻器：一只。

(7) 电阻箱：一只。

(8) 电阻网络板：一块。

实验四　一阶电路的响应

一、实验目的

(1) 学习用示波器观察和分析电路的暂态响应。

(2) 研究 RC 电路的暂态响应，了解电路参数对响应的影响。

(3) 测定 RC 一阶电路的时间常数。

(4) 学会示波器的工作原理并掌握正确的使用方法。

二、原理与说明

(1) 电路中储能元件初始值为零时，对激励的响应称为零状态响应。图 4-1(a)所示电路，当 $t=0$ 时，开关 S 由位置 22′合向 11′，直流电源 U_S经 R 向 C 充电，此时电路的响应为公式(4-1)：

$$\begin{cases} u_C = U_S(1-e^{-\frac{t}{\tau}}) \\ i_C = \dfrac{U_S}{R}e^{-\frac{t}{\tau}} \end{cases} \tag{4-1}$$

式中，$\tau=R\times C$ 为电路的时间常数，它反映电路过渡过程时间的快慢。τ 越大，过渡过程时间越慢；τ 越小，过渡过程时间就越快。图 4-2(a)示出了零状态响应 u_C随时间可变化的曲线。

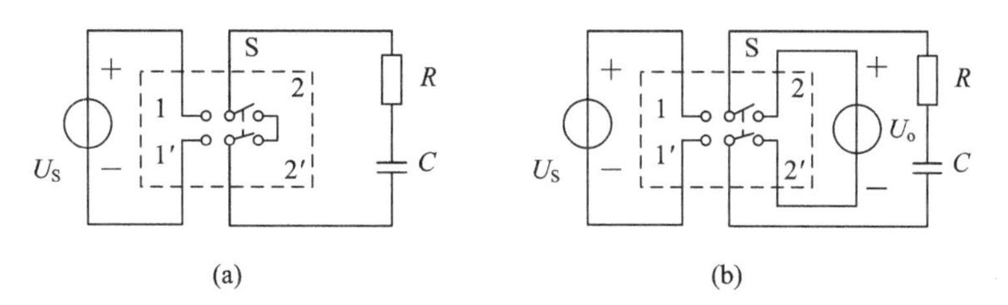

图 4-1　一阶电路充放电控制

(2) 电路在无激励作用时，由储能元件的初始值产生的响应称为零输入响应。对于图 4-1(a)所示电路，开关 S 在位置 11′时处于稳定状态 $u_C(0_-)=U_S$，当 $t=0$ 时，开关 S 由位置 11′合向 22′，此时电路的响应为公式(4-2)：

$$\begin{cases} u_C = U_S e^{-\frac{t}{\tau}} \\ i_C = \dfrac{U_S}{R}e^{-\frac{t}{\tau}} \end{cases} \tag{4-2}$$

图 4-2(b)示出了零输入响应 u_C随时间变化的曲线。

(3) 电路在初始状态和输入激励共同作用下引起的响应称为全响应。如图 4-1(b)所示电路，开关 S 在位置 22′时处于稳定状态 $u_C(0_-)=U_0$，当 $t=0$ 时，将开关 S 合向 11′。此时电路的响应为公式(4-3)：

$$\begin{cases} u_C = U_S(1-e^{-\frac{t}{\tau}})+U_0 e^{-\frac{t}{\tau}} \\ i_C = \dfrac{U_S}{R}e^{-\frac{t}{\tau}} - \dfrac{U_0}{R}e^{-\frac{t}{\tau}} \end{cases} \tag{4-3}$$

图 4-2(c)示出了响应 u_C 随时间变化的曲线。

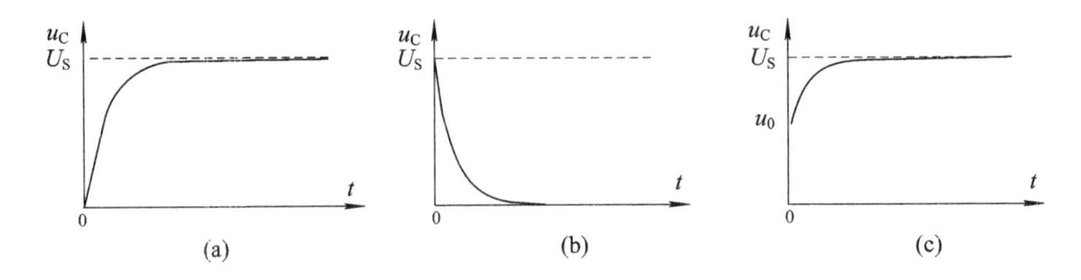

图 4-2　一阶电路电容的响应波形

(4) 方波响应。

方波的前半周相当于接通直流电源 U_S，后半周相当于电源用短路代替。当电路的时间常数 τ 远小于方波的周期时，则在方波作用的半周期内，电容充、放电过程已经结束，这时电路的响应可视为零状态响应和零输入响应的重复过程，如图 4-3(a)所示。方波的前半周的响应就是零状态响应；方波后半周相当于具有初始值 $u_C(0_-)=U_S$ 的电容通过 R 放电过程，这时的响应为零输入响应。

当电路时间常数接近或者大于方波的周期时，则在方波的两个半周期里，电容充、放电都不能结束。从 $t_0=t-nT$ 开始，电路的响应可视为全响应和零输入响应的重复过程(图 4-3(b))。方波的前半周对应电路的全响应，方波的后半周对应于零输入响应。

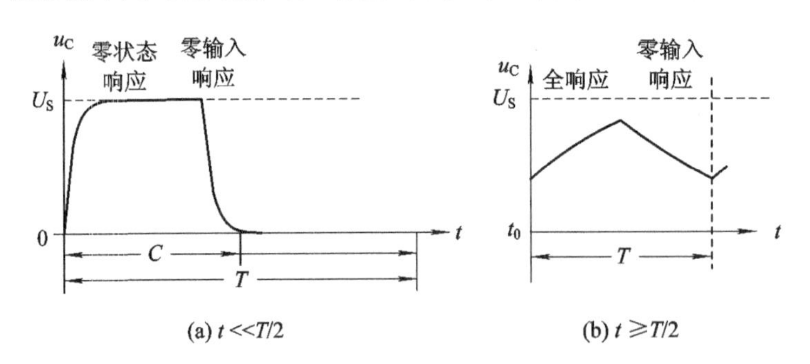

图 4-3　一阶电路电容的方波响应

为了清楚地看到响应的全过程，可使方波的半周期和时间常数 τ 保持 5：1 左右的关系。由于方波是周期信号，因此可用普通示波器显示出如图 4-3 所示稳定的图形。

(5) 时间常数的确定。

RC 电路的充放电时间常数可以从电容电压的响应曲线中估算出来。对于充电曲线来说，自由分量的幅值上升到稳态值的 63.2%所对应的时间即为一个 τ；对于放电曲线，自由分量的幅值下降到初始值的 36.8%所对应的时间即为一个 τ，如图 4-4 所示。

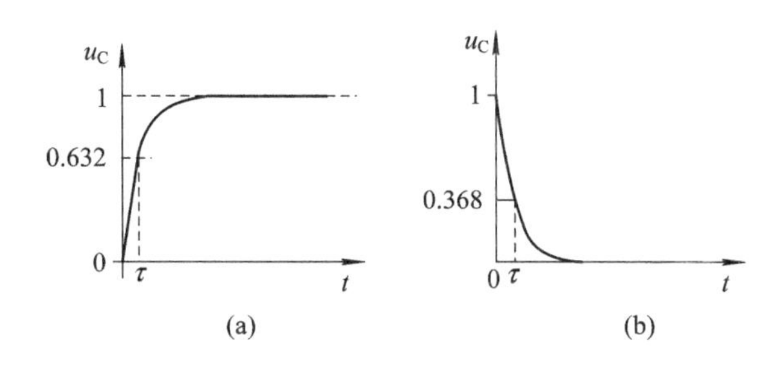

图 4-4　一阶电路时间常数的确定

三、实验内容

(1) 观察并描绘 RC 电路的零状态响应、零输入响应及全响应时 u_C 的波形。

实验电路如图 4-1 所示，图中 U_S 为直流稳压电源，S 为双刀掷开关，R 为电阻箱，C 为电容箱。

(2) 观察并描绘 RC 电路在方波激励下，当 $RC \ll T/2$、$RC \gg T/2$ 两种情况下的 u_C 和 i_C 的波形。

(3) 在 $RC \ll T/2$ 情况下，根据 u_C 的零状态响应波形，测量电路的时间常数 τ。实验线路如图 4-5 所示。

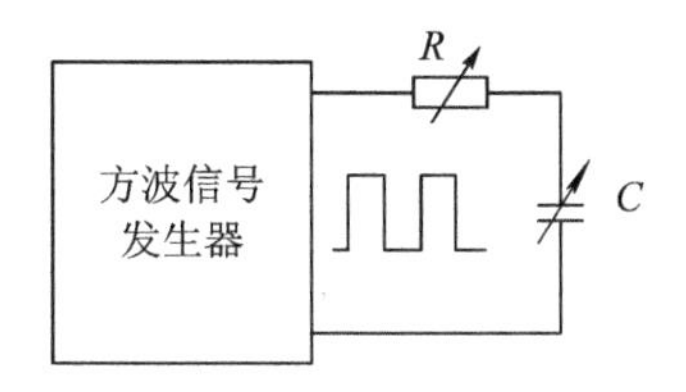

图 4-5　一阶电路的方波响应

四、注意事项

(1) 用示波器观察图 4-1 响应时，示波器扫描时间要选取适当，当扫描亮点开始从屏左端出现时，立即合上开关 S。

(2) 在观察方波响应时，由于 u_C 和 i_C 的幅值相差大，应注意调节 Y 轴灵敏度。

(3) 在测量时间常数 τ 时，要注意示波器要选择适当扫描周期，使得显示一个周期的 u_C 波形尽量宽些，并确保示波器的扫描周期微调旋钮的位置在校准位置上。为了测量准确，可以利用示波器的波形放大功能(×10 MAG)进行时间测量。应注意利用该功能测量出来的时间除以 10 后为测量结果。

五、思考题

(1) 当电容具有初始值时，RC 电路的阶跃响应是否会出现没有暂态的现象？为什么？

(2) 如何用实验方法证明全响应是零状态响应分量和零输入响应分量之和？

六、预习要求

(1) 复习与一阶电路响应有关的理论知识。

(2) 拟定实验步骤、参数值及所需描绘的波形表格。

七、报告要求

(1) 把各种参数条件下观察到的波形画在坐标纸上，并作必要的说明。

(2) 比较时间常数的测量值与计算值。

八、仪器设备

(1) 双踪示波器：一台。

(2) 双路直流稳压源：一台。

(3) 函数信号发生器：一台。

(4) 0～10 μF 电容箱：一只。

(5) 电阻箱：一只。

(6) 单刀双掷开关：一只。

实验五　二阶电路的响应

一、实验目的

（1）研究 RLC 串联二阶电路零输入响应和零状态响应的基本规律和特点，了解电路参数对响应的影响。

（2）进一步学习用示波器观察和分析电路的暂态响应。

二、原理与说明

图 5－1 所示电路，由于含有两个独立储能元件，因此建立的微分方程是二阶的，故该电路称为二阶电路。当开关 S 在位置 11′时处于稳定状态，$t=0$ 时，开关 S 从位置 11′转向 22′，此时电路的响应就为零输入响应；当开关 S 在位置 22′处于稳定状态，在 $t=0$ 时，开关 S 从位 22′合向 11′，这时电路的响应就是零状态响应。无论是零输入响应还是零状态响应，电路过渡过程的性质完全取决于特征方程：

$$LCp^2+RCp+1=0 \tag{5-1}$$

其特征根

$$p_{1,2}=-\frac{R}{2L}\pm\sqrt{\left(\frac{R}{2L}\right)^2-\frac{1}{LC}}=-\alpha\pm \mathrm{j}\sqrt{\alpha^2-\omega_0^2}$$

式中：$\alpha=\dfrac{R}{2L}$（衰减系数）；$\omega_0=\dfrac{1}{\sqrt{LC}}$（谐振角频率）。

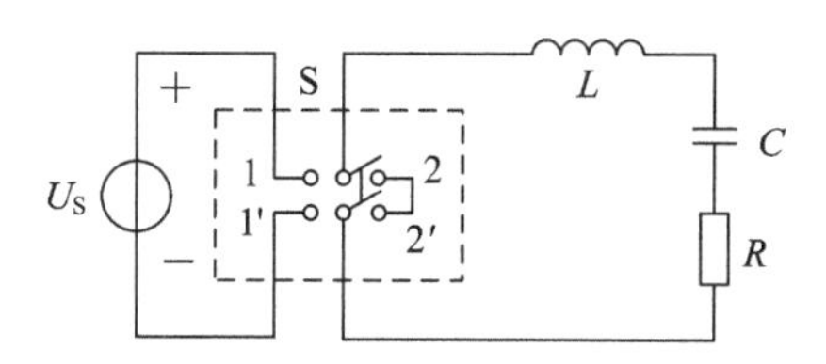

图 5－1　二阶电路的响应

下面以零输入响应为例，分析电路参数改变时，对电路过渡过程性质的影响。

（1）当 $R>2\sqrt{L/C}(\alpha>\omega_0)$时，$p_1$、$p_2$为两个不相等的负实根，响应是非振荡性质的，称为过阻尼情况。响应为公式(5－2)：

$$\begin{cases} u_C=\dfrac{U_S}{p_2-p_1}(p_2 e^{p_1 t}-p_1 e^{p_2 t}) \\ i=\dfrac{-U_S}{L(p_2-p_1)}(e^{p_1 t}-e^{p_2 t}) \\ u_L=-\dfrac{U_S}{p_2-p_1}(p_1 e^{p_1 t}-p_2 e^{p_2 t}) \end{cases} \tag{5-2}$$

图 5－2 示出了零输入响应 i、u_C、u_L 随时间变化的曲线。

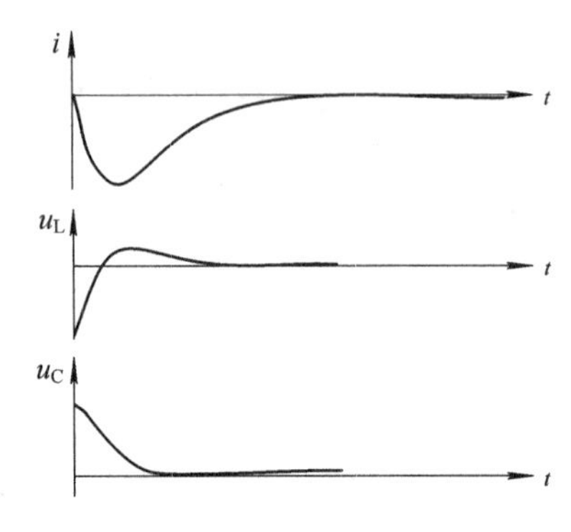

图 5－2　过阻尼二阶响应波形

(2) 当 $R<2\sqrt{L/C}$ ($\alpha<\omega_0$) 时，p_1、p_2 为一对共轭复根，响应具有衰减振荡的特点，称为欠阻尼情况，响应为公式(5－3)：

$$\begin{cases} u_C = \dfrac{U_S\omega_0}{\omega}e^{-\alpha t}\sin(\omega t+\beta) \\ i = \dfrac{U_S}{\omega L}e^{-\alpha t}\sin\omega t \\ u_L = -\dfrac{U_S\omega_0}{\omega}e^{-\alpha t}\sin(\omega t-\beta) \end{cases} \tag{5-3}$$

式中，$\omega=\sqrt{\omega_0^2-\alpha^2}$(衰减振荡角频率)；$\beta=\tan^{-1}\dfrac{\omega}{\alpha}$。

i、u_C、u_L 随时间变化的曲线如图 5－3 所示。

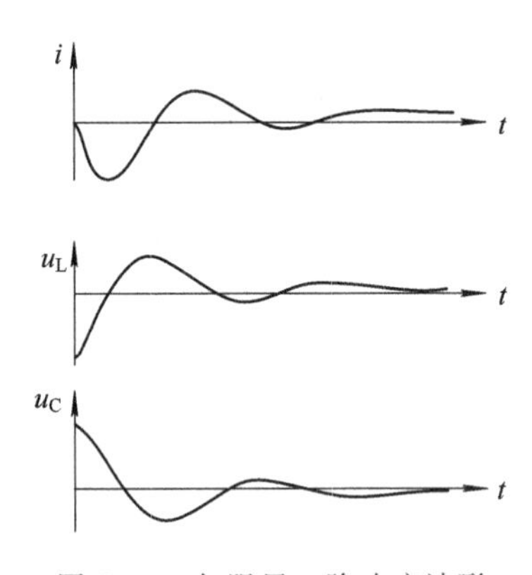

图 5－3　欠阻尼二阶响应波形

(3) 当 $R=2\sqrt{L/C}$ ($\alpha=\omega_0$) 时，p_1、p_2 为两个相等的负实根，响应的性质具有上述两种临介状态，也是非振荡性质的，称为临介阻尼情况。响应为公式(5－4)：

$$\begin{cases} u_C = U_S e^{-\alpha t}(1+\alpha t) \\ i = \dfrac{U_S}{L}t\,e^{-\alpha t} \\ u_L = U_S e^{-\alpha t}(-\alpha t) \end{cases} \tag{5-4}$$

u_C、i、u_L 随时间变化的曲线与图 5－3 相似。

改变参数 R、L 或 C，可使电路发生上述三种不同性质的过程。

(4) 对于欠阻尼情况，衰减系数 α 和衰减振荡角频率 ω 可以从响应曲线中测量出来。例如在响应 i 的波形(图 5-4)中，只要用示波器直接测出衰减振荡周期 $T=t_2-t_1$，就可按公式 $\omega=2\pi/T$ 计算出来。对于 α 由于有

$$i_{1m}=Ae^{-\alpha t_1};\quad i_{2m}=Ae^{-\alpha t_2} \tag{5-5}$$

则

$$\frac{i_{1m}}{i_{2m}}=e^{-\alpha(t_1-t_2)}=e^{\alpha T}$$

所以

$$\alpha=\frac{1}{T}\ln\frac{i_{1m}}{i_{2m}} \tag{5-6}$$

因此只要用示波器测出周期 T 和幅值 i_{1m}、i_{2m}，就可按公式(5-6)计算出 α。

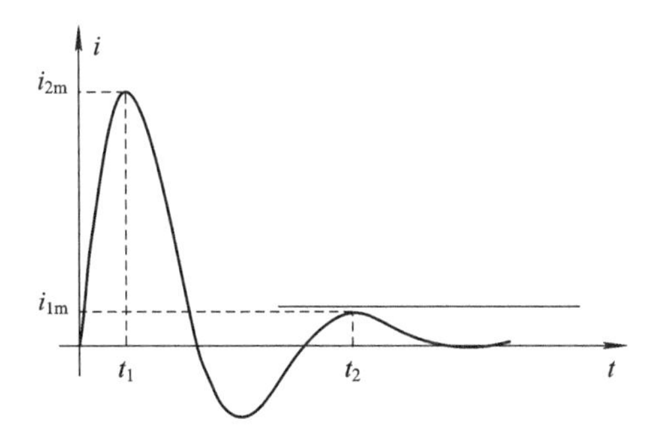

图 5-4　欠阻尼振荡的电流波形

三、实验内容

(1) 观察并描绘 RLC 串联电路零输入响应、零状态响应时欠阻尼和过阻尼情况下 $u_C(t)$、$i_L(t)$的波形。实验线路如图 5-1 所示，U_S为直流电压源。

(2) 观察并描绘 RLC 串联电路在方波激励下，过阻尼、欠阻尼和临介情况下 $u_C(t)$、$i_L(t)$波形，实验线路如图 5-5 所示，并用示波器测出一组 ω 和 α 值。

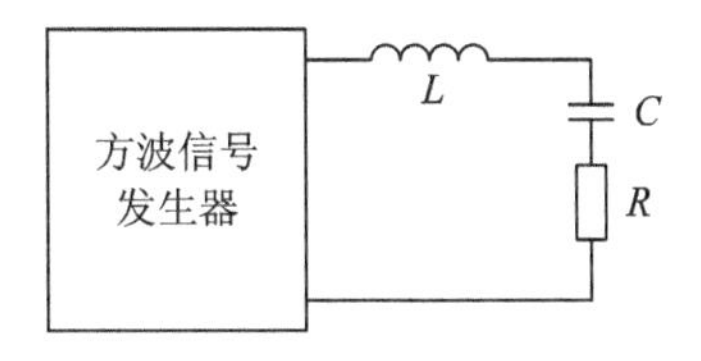

图 5-5　二阶电路的方波响应

四、注意事项

(1) 实验中对于回路总电阻应考虑实际电感线圈的总电阻及信号源的内阻。

(2) 如果同时观察两个信号，注意示波器公共端的接法，电路中所选接地点不同，在观察描绘波形时注意分析波形的实际方向。

(3) 在观察方波响应时，应使方波半周期 $T/2$ 与电路谐振周期保持 5∶1 左右关系。

五、思考题

（1）当 RLC 串联电路处于过阻尼情况时，若再增加回路电阻，对过渡过程有何影响？

（2）当电路处于欠阻情况时，若再减小回路电阻，对过渡过程又有何影响？

六、预习要求

（1）复习与 RLC 电路响应有关的理论知识，掌握响应的性质、响应曲线的画法。

（2）拟定实验步骤及所需描绘的波形表格。

七、报告要求

（1）把观察到的各个波形分别画在坐标纸上，并结合电路元件参数加以分析讨论。

（2）回答思考题。

八、仪器设备

（1）双踪示波器：一台。

（2）双路直流稳压源：一台。

（3）函数信号发生器：一台。

（4）电阻箱：一只。

（5）0～10 μF 电容箱：一只。

（6）电感线圈：一只。

（7）双刀双掷开关：一只。

实验六　交流参数的测定(综合设计)

一、实验目的

(1) 掌握用交流电压表、交流电流表和功率表测量等效交流参数的方法。

(2) 学习常用交流设备特别是功率表的正确使用和读数方法。

(3) 了解磁电系仪表和电动系仪表的结构、原理、特点和用途。

二、原理与说明

(1) 交流电路中，元件的等效参数或无源二端网络的串联等效参数，可以用交流电压表、电流表和功率表按图 6－1 所示电路测出被测对象两端的电压 U、流过的电流 I 及所消耗的有功功率 P 后，再通过计算得出。

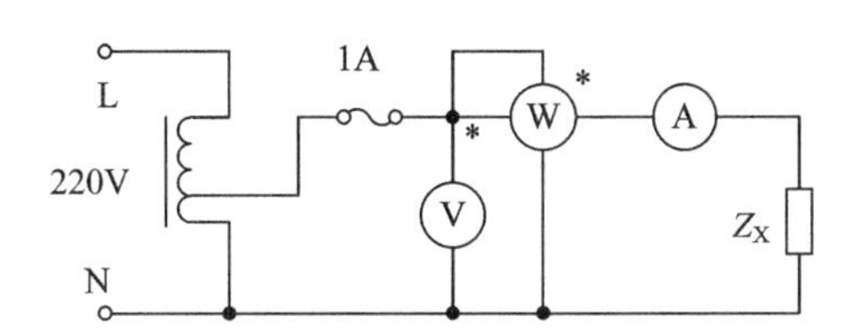

图 6－1　交流电路测量电路图

计算公式是

阻抗的模：

$$|Z| = \frac{U}{I} \tag{6-1}$$

功率因数：

$$\cos\phi = \frac{P}{UI} \tag{6-2}$$

等效串联电阻：

$$R = \frac{P}{I^2} = |Z|\cos\phi \tag{6-3}$$

等效电抗：

$$X = \sqrt{Z^2 - R^2} = |Z|\ \sin\phi \tag{6-4}$$

如果被测对象是一个电感线圈，则其串联等效参数为

$$R = |Z|\cos\phi \tag{6-5}$$

$$L = \frac{X_L}{\omega} = \frac{|Z|\sin\phi}{\omega} \tag{6-6}$$

如果被测对象是一个电容器，则其串联等效参数为

$$R = |Z|\cos\phi \tag{6-7}$$

$$C = \frac{1}{\omega X_C} = \frac{1}{\omega |Z| \sin\phi} \tag{6-8}$$

(2) 如果被测对象不是一个元件而是一个无源二端黑匣子，则从三表法测得的 U、I、P 值还不能判别被测黑匣子是属容性还是感性。因此必须通过实验进一步判断黑匣子的性质。一般可采用下面的方法：

① 在黑匣子两端并联一只适当容量的小电容，当并联小电容后电流增加时负载黑匣子为容性，电流减小时负载黑匣子为感性。

② 利用双线示波器观察黑匣子两端电压和电流的相位关系。电流超前电压为容性，电流滞后电压为感性。

本次实验采用并一只小电容的办法来判断黑匣子的性质。

根据判断的性质和已知电源的频率(f_S＝50 Hz)，即可求得黑匣子的等效电感或等效电容。

(3) 上述交流参数的计算公式是在忽略仪表内阻的情况下得出的。若考虑仪表内阻的影响，则测量结果中存在方法误差，必要时需加以校正，读者可自行思考。

(4) 在有些情况下需要建立负载的并联等效模型。例如图 6－2，可以根据电路理论知识方便地计算出来。这里直接给出电容性负载的并联等效参数的计算方程式。

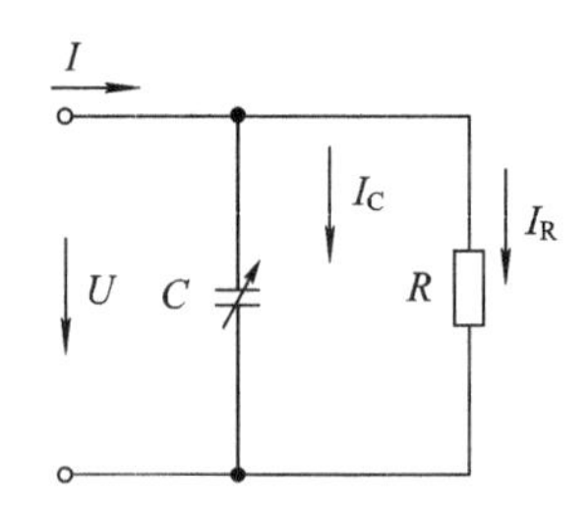

图 6－2　电容性负载并联等效电路

根据：

$$\begin{cases} P = \dfrac{U^2}{R} \\ I^2 = I_R^2 + I_C^2 \end{cases} \tag{6-9}$$

进一步写成：

$$\begin{cases} P = \dfrac{U^2}{R} \\ I^2 = \left(\dfrac{U}{R}\right)^2 + (U \times 2\pi f C)^2 \end{cases} \tag{6-10}$$

三、实验内容

测定一个无源二端“黑匣子”的等效交流参数，并建立其电路模型。

(1) 实验参考线路如图 6－3 所示。将调压器的输出电压由零伏逐渐增大，调节为 0.5 A 左右时，开始记录测量数据。

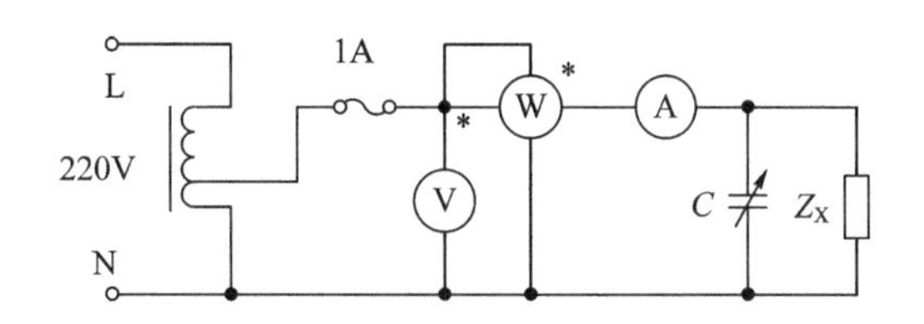

图 6-3 交流等效电路测量电路图

(2) 在黑匣子两端并一个小电容，根据电流的变化趋势判断其性质。

(3) 建立负载的等效模型，若黑匣子为感性，建立其串联等效模型；若黑匣子为容性，建立其并联等效模型。

四、注意事项

(1) 本次实验电源电压为交流 220 V，必须注意安全，手不要触带电部位。切记：在断电情况下才能连接或者修改电路，做完实验断电后才能拆线！接线完成后，必须经过指导教师检查没有问题后才能通电！

(2) “黑匣子”的额定电流小于 0.5 A。

(3) 注意功率表电压线圈承受的电压，电流线圈通过的电流不得超过功率表的额定电压量程和额定电流量程，实验中可用电压表和电流表进行监视。

(4) 单相调压器使用。

① 分清输入端和输出端，输入端额定电压 220 V，输入端与输出端绝对不允许反接。

② 调压器的输入、输出的公共端接电源的零线端。

③ 使用前，先将手柄调至零位，接通电源后再从零位缓慢升至所需电压值，每做完一次实验后，将手柄回零位，然后断开电源。

(5) 功率表的正确使用方法请参阅附录 A。

五、思考题

(1) 为什么在“黑匣子”两端并一个小电容，可以判断其性质？试作相量图分析说明。

(2) 调压器的输入端与输出端接反了后果如何？

六、预习要求

(1) 认真复习与本次实验有关的内容。记住功率表的接线原则、量程选择及读数方法。记住调压器的正确使用方法。

(2) 拟定实验步骤、数据记录表格。

七、报告要求

(1) 根据实验数据及所判性质，计算“黑匣子”的等效参数，画出其等效电路模型。

(2) 回答思考题。

八、仪器设备

(1) 单相调压器：一台。

（2）T77 交流电压表：一只。

（3）T77 交流电流表：一只。

（4）D51 功率表：一只。

（5）“黑匣子”交流负载：一只。

（6）0～10 μF 电容箱：一只。

实验七　功率因数的提高

一、实验目的

(1) 掌握提高感性负载功率因数的意义和方法。

(2) 了解日光灯电路的工作原理。

(3) 进一步掌握功率表的使用办法。

二、原理与说明

(1) 供电系统中的用电设备大多数都是感性负载。图 7-1 示出了感性负载的等效电路，该电路吸收的有功功率为

$$P = UI\ \cos\phi \tag{7-1}$$

式中，$\cos\phi$ 为负载的功率因数。当电源电压一定时，电源输送的有功功率一定，若功率因数越低，则电源供给负载的电流就越大，由此导致输电线路上的电能损耗增大，使输电效率降低，发电设备及配电设备的容量得不到充分利用，因此提高功率因数具有重要的经济意义。

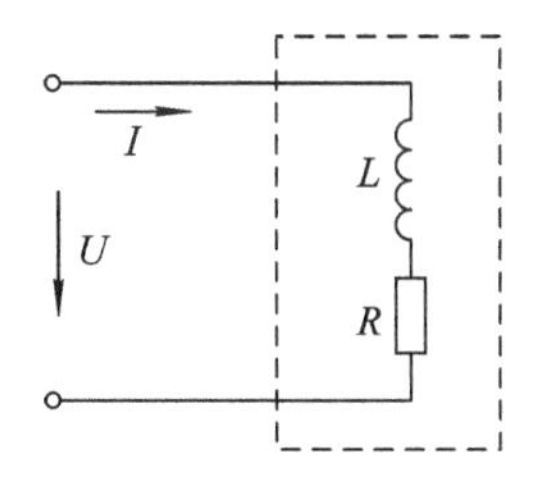

图 7-1　感性负载的等效电路

(2) 提高感性负载的功率因数，通常的办法是在感性负载两端并联电容器，使流过电容器中的容性无功电流分量补偿感性负载中的感性无功电流分量，以减小总电流中的无功分量，从而提高了功率因数。

(3) 负载的功率因数可以用三表法测出负载端电压 U、电流 I 及有功功率 P 以后，再按公式(7-2)：

$$\cos\phi = \frac{P}{UI} \tag{7-2}$$

计算得出 $\cos\phi$，也可以用功率因数仪表直接测出。本次实验采用“三表法”。

(4) 日光灯电路的组成及工作原理。日光灯电路由灯管、镇流器和启辉器等组成。图 7-2 是功率因数提高实验电路图，右侧框图中为日光灯电路。其中灯管是一个电阻性负载，灯管两端各有一组灯丝，灯丝上涂有氧化物，管内充有惰性气体。40 W 灯管的起辉电

压是 400 V～500 V，启辉后的工作电压只有 80 V 左右，镇流器是一个具有铁心的电感线圈，其作用是起辉时产生高压激发灯管导通；正常工作时限制灯管电流，这时镇流器两端电压只有 170 V。启辉器相当于一个自动开关，它是一个氖泡，内有两个电极，一个固定电极和一个可动电极，两电极上还并联一个小电容用以电极断开时放电消弧。灯管正常工作时，启辉器两电极是断开的。由于镇流器的存在，所以日光灯电路是感性负载，其功率因数在 0.5 左右。

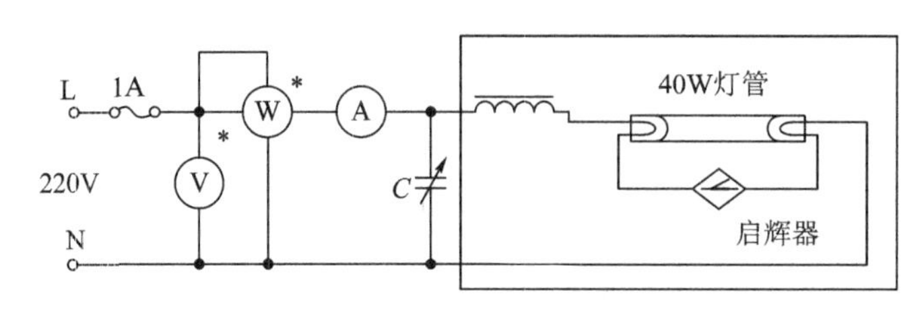

图 7-2　功率因数提高实验电路图

工作原理：

当图 7-2 电路刚接通电源时，灯管不导通，220 V 交流电压全部加在启辉器两电极上，迫使两电极之间的惰性气体电离起辉，辉光使电极加热而接触，从而接通灯丝电路。此时电流经镇流器、灯丝和启辉器形成回路不通过灯管。在此电流作用下，灯丝被加热。同时，启辉器辉光放电停止，两电极因温度下降而复原，使电路断开，在断开瞬间，由于电流突变，镇流器两端产生很高的自感电压 $-L\dfrac{\mathrm{d}i}{\mathrm{d}t}$ 与电源电压叠加后加在灯管两端，使热灯丝之间的惰性气体电离产生弧光放电辐射出不可见的紫外线，紫外线激发灯管内壁的荧光粉而发出可见光。这时电流经镇流器和灯管与电源形成回路。当灯管正常发光后，其两端电压降低，这样启辉器将不能正常起辉，相当于断开状态，因此启辉器在该电路中相当于一个自动开关的作用。

三、实验内容

按照图 7-2 连接实验电路。

(1) 在不并电容时，测出日光灯电路的功率、电压、电流，计算出日光灯电路在未做补偿情况下的功率因数。

(2) 将日光灯电路功率因数提高到 0.85 以上。首先根据功率因数公式，以及测量得到的电路的供电电压 U 及消耗的有功功率 P，可以计算出当功率因数为 0.85 时电路对应的电流值 I'，根据公式(7-1)：

$$I' = \frac{P}{U\cos\phi} = \frac{P}{U \times 0.85} \tag{7-3}$$

改变电容 C 的值，从小到大逐步增加，记录当电流数值降低到计算的电流 I' 时，电容箱的数值 C_x。

(3) 并入不同的电容值，记下相应的电压、电流和功率，计算相应的功率因数，数据表格参考表 7-1。

表 7-1　不同电容值下的相应数据记录表

电容/μF	0	1	2	3	4	5	6	7	8
电压/V									
电流/A									
功率/V									
$\cos\phi$									

四、注意事项

(1) 本次实验电源电压为交流 220 V，必须注意安全，手不要触带电部位。切记：在断电情况下才能连接或者修改电路，做完实验断电后才能拆线！接线完成后，必须经过指导教师检查没有问题后才能通电！

(2) 镇流器必须与灯管串联，以免烧坏灯管。

(3) 改变电容 C 值时，应从小到大逐步增加。

五、思考题

(1) 为什么采用并联电容来提高感性负载的功率因数？串联行不行？试分析之。

(2) 若日光灯电路在正常电压下不能点燃，如何用交流电压表查出故障部位？简要写出查找步骤。

六、预习要求

(1) 认真阅读与本实验有关的内容，复习功率表的使用方法。

(2) 拟定实验数据记录表格。

(3) 思考感性负载并联电容提高功率因数时，如果电容过大会出现什么情况？并联电容前后，感性负载的有功功率、电流和功率因数是否会发生变化？

七、报告要求

(1) 根据测试数据，在同一坐标纸上画出 $\cos\phi=f(C)$、$I=f(C)$、$P=f(C)$的曲线。

(2) 回答思考题。

八、仪器设备

(1) 40 W 日光灯电路组件：一套。

(2) D51 功率表：一只。

(3) T77 交流电压表：一只。

(4) T77 交流电流表：一只。

(5) 0～10 μF 电容箱：一只。

实验八 耦合电感(综合设计)

一、实验目的

(1) 学习测定耦合电感的同名端的方法。

(2) 测定耦合电感的参数(M、K、r_1、L_1、r_2、L_2),建立其电路模型。

(3) 进一步掌握瓦特表的正确使用和读数方法。

二、原理与说明

本实验只研究具有两个线圈的耦合电感。

(1) 同名端是指耦合线圈的同极性端,它取决于两个线圈各自的实际绕向和相对位置。同名端的判别在工程实际中具有重要意义。例如变压器、电动机的各相绕组,LC 振荡电路中的振荡线圈都要根据同名端的极性进行连接。对具有耦合关系的线圈,如果不知其绕向和相互位置,可以根据同名端的定义,用实验方法来确定。

① 直流法判同名端。

电路如图 8-1 所示,线圈 1 通过开关 S 接到直流电源上,线圈 2 两端接一个直流电流表或直流电压表,在开关 S 合上的瞬间,线圈 2 两端就产生互感电势,电表指针偏转。若电表正偏,则 a、b 端为同名端,图中用“ * ”号表示;若电表反偏,则 a、b′为同名端,图中用“ • ”表示。

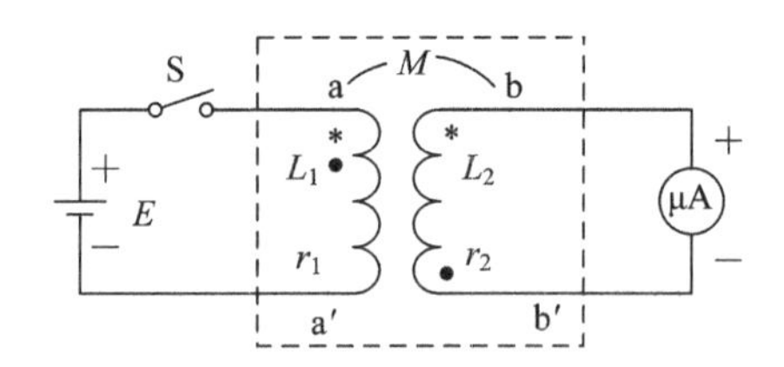

图 8-1 直流法判断互感的同名端

② 交流法判同名端。

(a) 三电压表法:电路如图 8-2 所示,在线圈 1 中通以正弦交流电流,用电压表测出三个电压 U_1、U_2 和 U,若满足条件 $U>U_1$ 且 $U>U_2$,则表示两线圈相连的公共端是异名端,反之则是同名端。

(b) 正反串接法判同名端:电路如图 8-3 所示,两耦合线圈正串(异名端相接)时,磁通相互增强,等效电感为

$$L_{eq1} = L_1 + L_2 + 2M \tag{8-1}$$

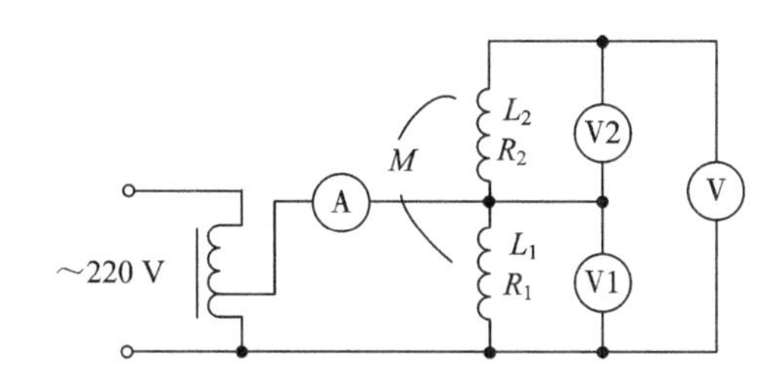

图 8-2　三电压表法判断互感的同名端

反串(同名端相接)时，磁通部分抵消，等效电感为

$$L_{eq2} = L_1 + L_2 - 2M \tag{8-2}$$

显然，等效电抗 $X_{eq1} > X_{eq2}$。

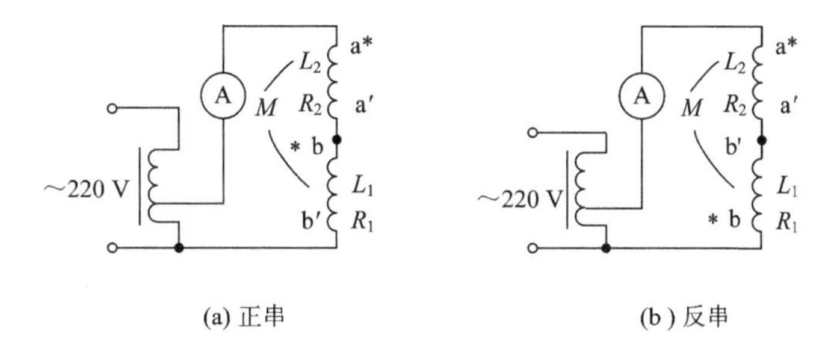

图 8-3　正反串联法判断互感的同名端

因此，将两线圈分别用正、反串联形式，通以相同的正弦电压，则电流大的是两线圈同名端相接；电流小的是两线圈异名端相接。

(2) 互感系数 M 的测定。

① 通过测互感电势确定 M。在图 8-2 电路中，若电压表内阻足够大，则有

$$U_2 = \omega M I_1 \tag{8-3}$$

$$M = \frac{U_2}{\omega I_1} \tag{8-4}$$

② 用正反串接法确定 M。

用三表法分别测出两耦合线圈正向串联和反向串联时的等效电感 L_{eq1} 和 L_{eq2}，则根据公式(8-1)、公式(8-2)可以导出：

$$M = \frac{L_{eq1} - L_{eq2}}{4} \tag{8-5}$$

(3) 用测交流参数实验的方法，可分别测出耦合电感线圈 1 和线圈 2 的参数 L_1 和 r_1 及 L_2 和 r_2。这样就可画出耦合电感电路的模型如图 8-4 所示。

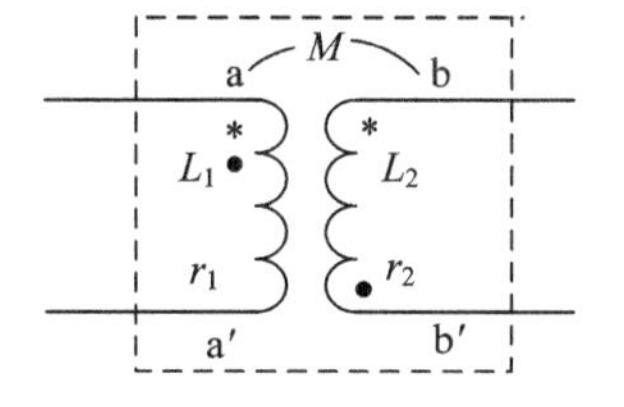

图 8-4　耦合电感的等效电路图

（4）根据耦合系数 K 的定义有

$$K=\frac{M}{\sqrt{L_1L_2}} \tag{8-6}$$

可计算出耦合系数 K。

三、实验内容

（1）测定耦合电感线圈的同名端和互感系数 M，方法自选。

（2）用三表法测定耦合电感线圈 1 和线圈 2 的参数 L_1 和 r_1 及 L_2 和 r_2。

四、注意事项

（1）本次实验电源电压为交流 220 V，必须注意安全，手不要触带电部位。切记：在断电情况下才能连接或者修改电路，做完实验断电后才能拆线！接线完成后，必须经过指导教师检查没有问题后才能通电！

（2）耦合线圈的额定电流小于等于 0.5 A。

（3）调压器原、副边不得接反。

（4）调压器通电前输出电压调节至 0 伏，实验过程中由小向大逐步增加。

五、思考题

用直流法判同名端时，开关接通或断开的判据是否相同？结论是否一致？为什么？

六、预习要求

（1）认真阅读与本实验有关的内容，复习功率表和调压器的使用方法。

（2）自行设计完成各项任务的实验线路，拟定操作步骤和数据记录表格。

七、报告要求

由测试数据计算耦合电感的参数，画出电路模型并标明参数值。

八、仪器设备

（1）单相调压器：一台。

（2）C65 微安表：一只。

（3）耦合电感线圈：一只。

（4）D51 功率表：一只。

（5）T77 交流电压表：一只。

（6）T77 交流电流表：一只。

（7）1.5 V 干电池：一节。

（8）小开关：一只。

实验九　*RLC* 串联谐振电路(综合设计)

一、实验目的

(1) 加深对 *RLC* 串联谐振电路特性的理解。

(2) 学习 *RLC* 串联电路频率特性的测试方法。

(3) 了解谐振电路的选择性与通频带的概念。

二、原理与说明

(1) *RLC* 串联电路如图 9-1 所示，它的复阻抗为

$$Z = R + \mathrm{j}\left(\omega L - \frac{1}{\omega C}\right) \tag{9-1}$$

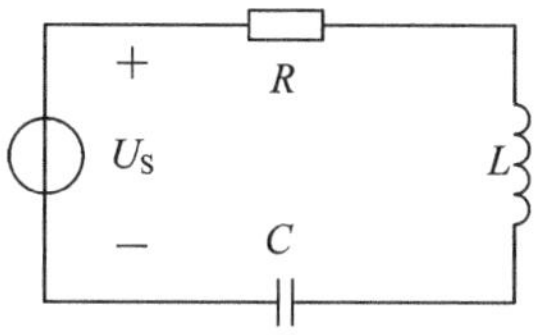

图 9-1　*RLC* 串联电路

当满足条件 $\omega L - \dfrac{1}{\omega C} = 0$ 时，电路处于谐振状态。显然要使电路发生谐振，可以通过改变电路的参数 L、C 或电源的频率 f_s 来实现。本次实验是固定 L、C 的数值，改变电源的频率 f_s 使电路发生谐振。

根据谐振条件，得谐振角频率为

$$\omega = \frac{1}{\sqrt{LC}} \tag{9-2}$$

谐振频率为

$$f_0 = \frac{1}{2\pi\sqrt{LC}} \tag{9-3}$$

可见谐振频率仅与 L 和 C 的数值有关，而与电阻 R 及电源频率 f_s 无关，当 $f_s < f_0$ 时，电路呈容性，阻抗角 $\phi < 0$；当 $f_s > f_0$ 时，电路呈感性，阻抗角 $\phi > 0$。

(2) 串接电路谐振时的主要特点：

① 回路的阻抗最小，$Z_{\min} = R$，整个电路呈阻性，阻抗角 $\phi = 0$，故总电压和电流同相位。

② 若电源电压恒定，则谐振时电流有效值 $I_0 = U_S / R$，电流 I 为最大值。

③ 由于感抗 X_L 和容抗 X_C 相等，所以电感上电压和电容上电压大小相等而方向相反（相位差为 180°）。电感上的电压或电容上的电压与电源电压之比称为品质因数 Q，其计算公式为

$$Q=\frac{U_{C0}}{U_S}=\frac{U_{L0}}{U_S}=\frac{\omega_0 L}{R}=\frac{\frac{1}{\omega_0 C}}{R}=\frac{\sqrt{\frac{L}{C}}}{R} \tag{9-4}$$

如果 L 和 C 为定值，则 Q 值仅决定于电阻 R 的大小。当电路的 Q 值远大于 1 时，电容或电感上的电压数值将很大。因此串联谐振又称电压谐振。

（3）串联谐振电路的幅频特性：

① RLC 串联电路中电流的幅值与电源频率的关系称为电流的幅频特性，其关系式为

$$I(\omega)=\frac{U_S}{\sqrt{R^2+\left(\omega L-\frac{1}{\omega C}\right)^2}}=\frac{U_S}{R\sqrt{1+Q^2\left(\frac{\omega}{\omega_0}-\frac{\omega_0}{\omega}\right)^2}} \tag{9-5}$$

或

$$\frac{I}{I_0}=\frac{1}{\sqrt{1+Q^2\left(\frac{\omega}{\omega_0}-\frac{\omega_0}{\omega}\right)^2}} \tag{9-6}$$

以电流的幅值为纵坐标，以 ω 或 f 值为横坐标，就可以画出电流的幅频特性曲线，称为串联谐振曲线。图 9－2 示出了不同 Q 值时，电流量的幅频特性曲线。显然 Q 值越大，曲线越尖锐。

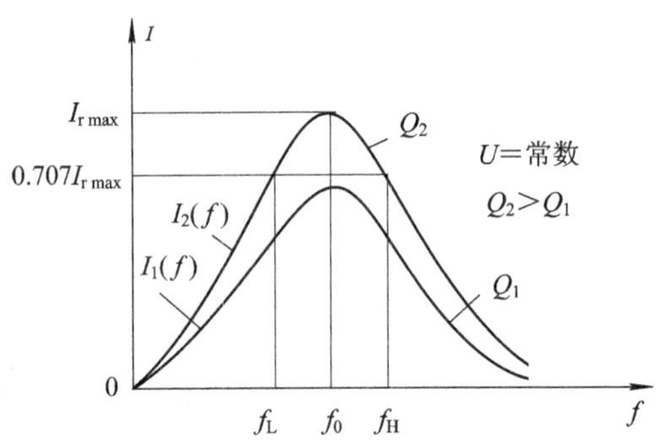

图 9－2　串联谐振的电流幅频特性

若以 I/I_0 为纵坐标，以 f/f_0 为横坐标，就可以画出串联谐振电路的通用幅频特性曲线。图 9－3 示出了不同 Q 值时电流量的通用幅频特性曲线。

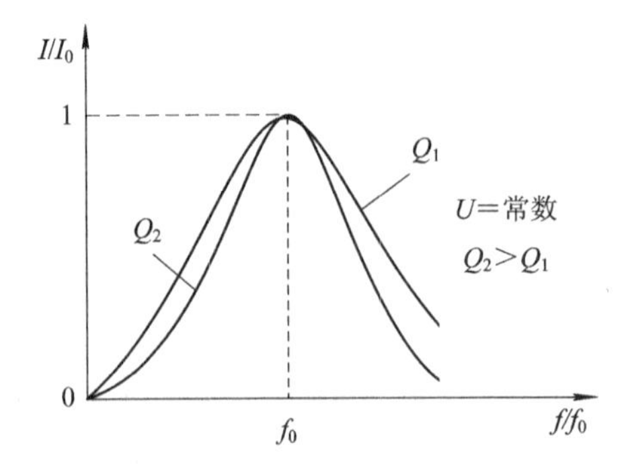

图 9－3　串联谐振电流的通用幅频特性曲线

② 通频带用于衡量谐振电路对不同频率信号的选择能力。我们把谐振曲线中幅值下降到峰值的0.707倍时的频率范围定义为通频带B，其计算公式为

$$B = f_{\mathrm{H}} - f_{\mathrm{L}} \tag{9-7}$$

或者

$$B = \frac{f_0}{Q} \tag{9-8}$$

显然，Q值越高，通频带越窄，电路选择性却越好。

③ RLC串联电路中，电感电压U_{L}和电容电压U_{C}都是电源频率的函数，其关系为

$$U_{\mathrm{L}} = I\omega L = \frac{\omega L U_{\mathrm{S}}}{\sqrt{R^2 + \left(\omega L - \frac{1}{\omega C}\right)^2}} \tag{9-9}$$

$$U_{\mathrm{C}} = \frac{I}{\omega C} = \frac{U_{\mathrm{S}}}{\omega C\sqrt{R^2 + \left(\omega L - \frac{1}{\omega C}\right)^2}} \tag{9-10}$$

图9-4示出了U_{L}和U_{C}随频率变化的曲线，显然，U_{C}的峰值出现在$f_{\mathrm{C}} < f_0$处，U_{L}的峰值出现在$f_{\mathrm{L}} > f_0$处。Q值越高，峰值离f_0越近。

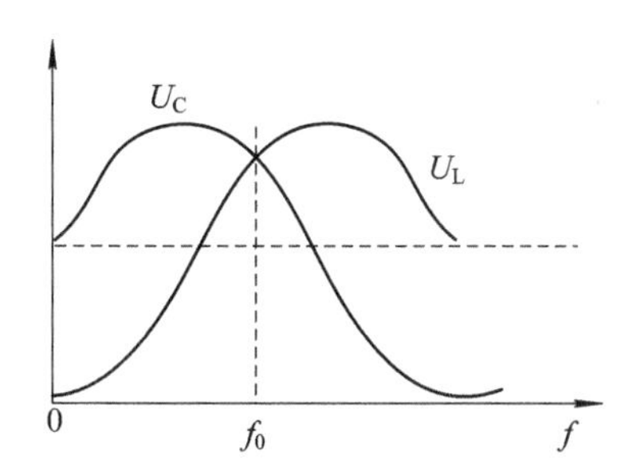

图9-4　串联谐振U_{L}、U_{C}随f变化曲线

(4) 幅频特性曲线可用实验方法测定。方法是保持电源电压有效值U_{S}不变，从低到高改变电源频率，用交流毫伏表测量相应频率下的U_{R}、U_{L}、U_{C}值。根据测试结果，便可在坐标平面上画出$U_{\mathrm{R}}(f)$或$I_{\mathrm{R}}(f)=(U_{\mathrm{R}}/R)$以及$U_{\mathrm{L}}(f)$、$U_{\mathrm{C}}(f)$曲线。

三、实验内容

按图9-5所示电路接线。

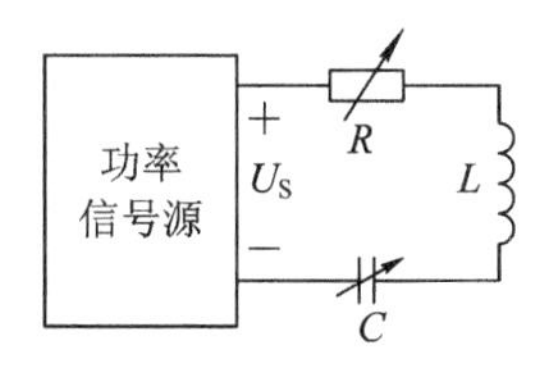

图9-5　RLC串联谐振实验电路

(1) 测量RLC串联电路$U_{\mathrm{R}}(f)$、$U_{\mathrm{L}}(f)$、$U_{\mathrm{C}}(f)$曲线，并计算实测的Q值，确定通频带B。

(2) 保持信号源输出电压U及L、C参数不变，改变R的值，重复上述内容。

(3) 选做内容：给定一标准电容，用谐振法测出桌上电感线圈的电感量。

四、注意事项

(1) 合理选取测量点。在谐振频率附近取点应密些。测试数据中应包含$U_{R\,max}$对应的谐振频点 f_0，$U_{L\,max}$和$U_{C\,max}$对应的频率点 f_L和 f_C及 0.707 倍$U_{R\,max}$对应的上下限截止频率点 f_H和 f_L。

(2) 实验时保持信号源的输出电压有效值为定值。

五、思考题

(1) 当 RLC 串联电路发生谐振时是否有 $U_S=U_R$，$U_L=U_C$？为什么？

(2) RLC 串联电路谐振时，电容两端电压 U_C会大于电源电压 U_S 吗？为什么？

(3) 能否用电磁式、电动式仪表测量 RLC 串联谐振电路中的 U_R、U_L和 U_C？为什么？

六、预习要求

(1) 认真复习与本次实验有关的内容，掌握谐振条件及特点。

(2) 试找出两种判别电路处于谐振状态的实验方法。

(3) 拟定实验方法、步骤和数据记录表格。

七、报告要求

(1) 根据实验数据在坐标纸上绘制 $U_R(f)$、$U_L(f)$、$U_C(f)$曲线。

(2) 用实验数据说明选择性与通频带的关系。

(3) 回答思考题。

八、仪器设备

(1) 功率信号发生器：一台。

(2) 交流毫伏表：一台。

(3) 双踪示波器：一台。

(4) 0～10 μF 电容箱：一只。

(5) 电阻箱：一只。

(6) 电感线圈：一只。

实验十　三相电路电压电流的测量

一、实验目的

（1）学习三相电源相序的判别方法。

（2）熟悉三相负载的连接方式，验证对称三相电路中$\sqrt{3}$的关系。

（3）了解中线在不对称负载电路中的作用。

二、原理与说明

（1）白炽灯和电容组成三相负载。三相负载的连接方式有星形和三角形两种。在星形接法中可以采用三相四线制或三相三线制供电；在三角形接法中只能采用三相三线制供电。三相电路中电源有对称和不对称两种情况。实验室用的三相电源是三个幅值相等、频率相同而相位互差 120°的对称三相四线制电源。电源通过三相空气开关(简称空开)向负载供电。如图 10－1 所示，A、B、C 三根线为火线，不接开关的那根线称为中线，用 O 表示。

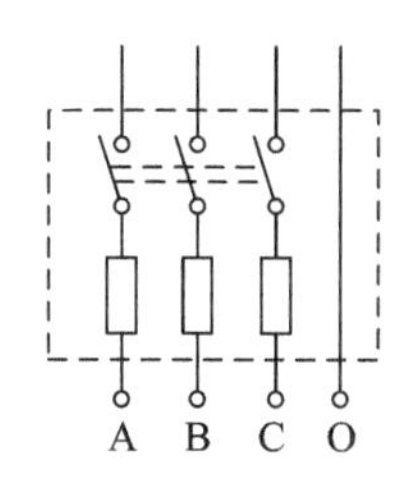

图 10－1　对称三相四线制电源

（2）负载的星形连接。星形连接的负载如图 10－2 所示。

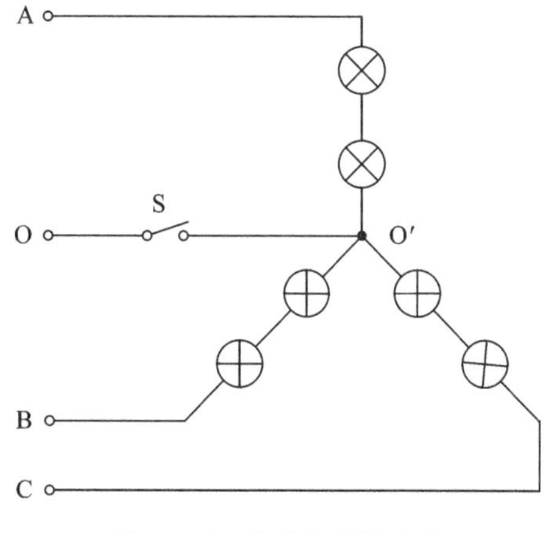

图 10－2　负载的星形连接

① 三线制(S断开)：负载对称时线电压为相电压的$\sqrt{3}$倍，电源中点与负载中点等电位；负载不对称时负载中性点发生位移，$U_{O'}\neq 0$，线电压与相电压的关系不确定。

② 四线制(S接通)：不论负载对称与否线电压均为相电压的$\sqrt{3}$倍。负载对称时，$I_O=0$，此时中线可不接；负载不对称时，$I_O\neq 0$，此时中线不能省去。因此，在负载不对称的三相电路中，都应采用三相四线制，而且中线不能随意断开，以保证各相负载电压对称，否则会由于负载端中性点位移造成有的相负载电压偏高，有的相负载电压偏低，使负载无法正常工作。

(3) 负载的三角形连接。负载作三角形连接的电路如图10－3所示，无论负载对称或不对称，都有相电压等于线电压。如果负载对称，线电流等于相电流；如果负载不对称，线电流不等于相电流。

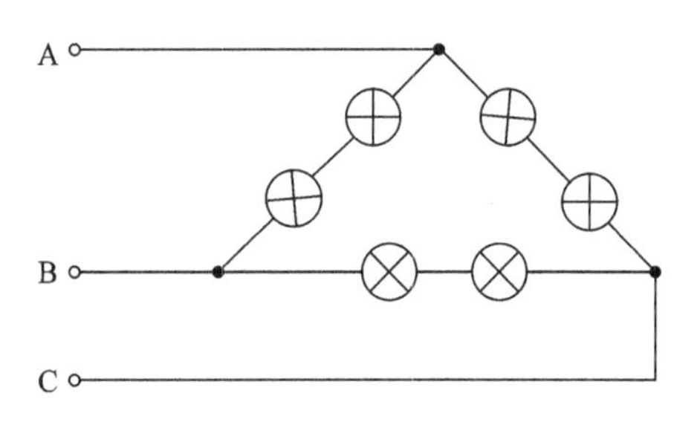

图10－3　负载的三角形连接

(4) 三线制星形接法。如果其中一相例如A相改接电容，其他两相为相同的白炽灯，由于中性点位移，两相白炽灯呈现不同的亮度，从而可判断三相电源相序。

三、实验内容

(1) 判断实验桌上三相电源相序。

(2) 测量负载星形连接时的电压、电流。按表10－1所列内容，完成各项测量任务。

表10－1　不同负载情况下的电压、电流记录表

		U_{AB}	U_{BO}	U_{OA}	$U_{AO'}$	$U_{BO'}$	$U_{CO'}$	$U_{OO'}$	I_A	I_B	I_C	I_O
负载对称	有中线											
	无中线											
负载不对称	有中线											
	无中线											

注：电压单位为伏，电流单位为安。

(3) 测量三角形接法负载对称(每相接相同的灯泡)和不对称(其中一相开路)时的线电压(电流)和相电压(电流)。数据记录表自拟。

四、注意事项

（1）本次实验电源电压为交流220 V/380 V，必须注意安全，手不要触带电部位。切记：在断电情况下才能连接或者修改电路，做完实验断电后才能拆线！接线完成后，必须经过指导教师检查没有问题后才能通电！

（2）合理选择电压表、电流表的量程。

五、思考题

（1）采用三相四线制供电时，为什么中线上不允许安装保险线？

（2）对称三相三线制负载星形连接，如果一相短路或断路，将发生什么现象？此时负载中性点在何处？试画出其电压位形图及电压和电流的相量图。

（3）三相四线制供电时，如果其中一相出现短路或断路，将会发生什么现象？是否会影响其他两相正常工作？

六、预习要求

（1）认真阅读与本次实验有关的内容。

（2）拟定实验线路、步骤及实验内容(3)的数据记录表。

七、报告要求

（1）用所测实验数据总结对称负载星形和三角形接法时线电压、相电压和线电流、相电流的关系。

（2）画出实验内容(1)的电压相量图及判断相序的依据。

（3）根据实验中观察到的现象，总结中线的作用。

（4）回答思考题(2)。

八、仪器设备

（1）T77交流电压表：一只。

（2）T77交流电流表：一只。

（3）三相负载箱：一只。

（4）小开关：一只。

实验十一　三相电路功率的测量

一、实验目的

（1）学会使用一瓦法、两瓦法和三瓦法测量三相电路的有功功率。

（2）了解对称三相电路中无功功率的测量方法。

（3）进一步掌握瓦特表的正确接线和读数方法。

二、原理与说明

（1）有功功率的测量。在三相电路中，三相负载吸收的有功功率等于各相负载吸收的有功功率之和，即

$$P = P_A + P_B + P_C = U_A I_A \cos\phi_A + U_B I_B \cos\phi_B + U_C I_C \cos\phi_C \qquad (11-1)$$

式中：各电压、电流均为相电压、相电流，ϕ 角为相电压与相电流之间的相位差。

对于对称三相电路，由于各相电压、电流有效值相同，而且电压电流之间的相位差也相等，即各相负载消耗的功率相等，因而三相负载所消耗的有功功率为

$$P = 3P_A = 3P_B = 3P_C = 3U_A I_A \cos\phi_A = \sqrt{3}U_{AB} I_{AB} \cos\phi_A \qquad (11-2)$$

所以在对称三相电路中，可用一只功率表测任一相的功率乘以 3 即得三相负载所消耗的总功率。这种测量方法称为一瓦法。接线如图 11－1 所示。

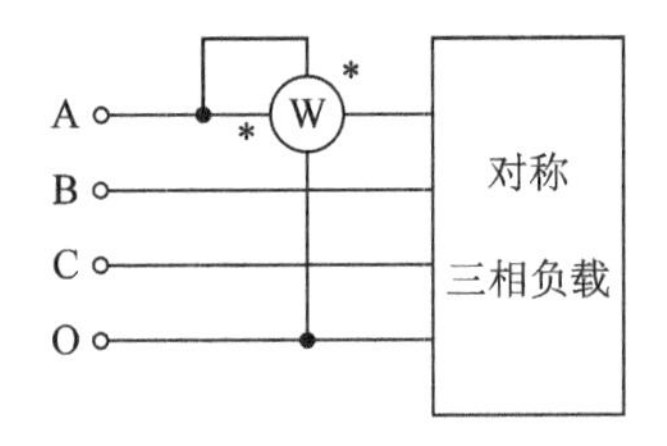

图 11－1　对称三相负载功率测量

当三相电路不对称时，各相负载消耗的功率不等，可用一只功率表分别测各相的功率，然后相加即得三相负载消耗的总功率，接线如图 11－2 所示。此种测量方法，称为三瓦法。

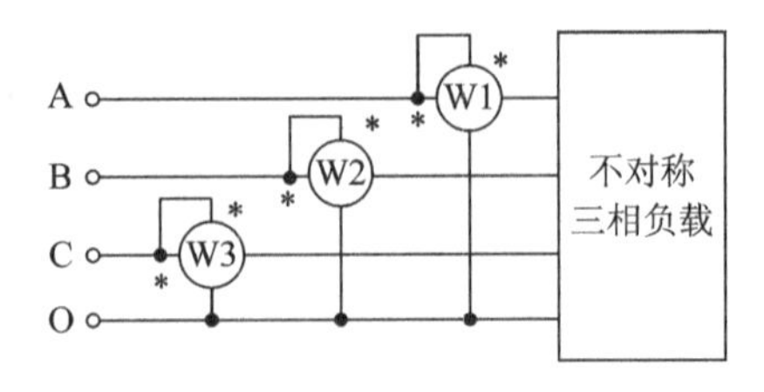

图 11－2　三表法三相负载功率测量

对于三相三线制电路，不论对称与否，通常使用两只功率表来测量三相功率。它们的接线如图 11-3 所示。两只功率表的电流线圈分别串联接入任意两相火线(图中为 A、B 线)，电流线圈的"*"端接在电源侧。两只功率表电压线圈的非"*"端同时接到没有接功率表电流线圈的第三相火线上(图中为 C 线)。这样两只功率表测出的功率值为

$$P_1 = U_{AC} I_{AC} \cos\phi_1$$
$$P_2 = U_{BC} I_{BC} \cos\phi_2 \qquad (11-3)$$

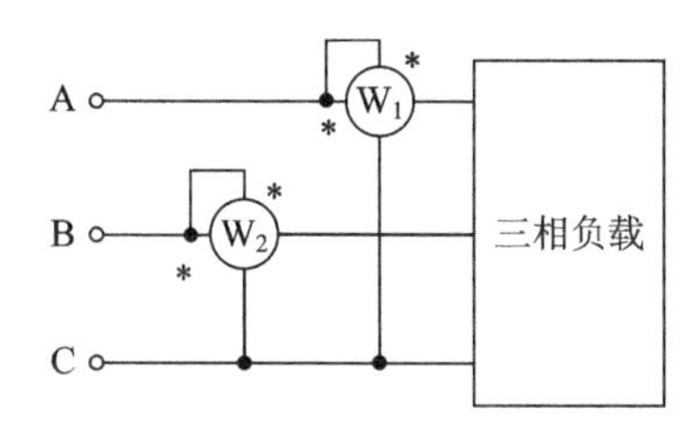

图 11-3　两表法三相负载功率测量

利用三相电路总功率瞬时表达式，经分析计算，可以得出结论：三相负载消耗的总功率等于两只功率表读数的代数和，即

$$\begin{aligned} P &= P_A + P_B + P_C \\ &= U_{AC} I_{AC} \cos\phi_1 + U_{BC} I_{BC} \cos\phi_2 \\ &= P_1 + P_2 \end{aligned} \qquad (11-4)$$

这种测量方法，称为两瓦法。

值得注意的是采用两瓦法测功率时，即使功率表接线正确，也可能出现一块功率表反偏的情况(因为两只功率表的读数与负载的功率因数有关，详细请参阅附录 A)。这时应把该功率表的电流线圈两个端钮对调位置，使功率表正向偏转，此时功率表的读数应记作负值。

(2) 无功功率的测量。对称三相电路的无功功率可用一瓦法和两瓦法来测量，它们的接线如图 11-4 和图 11-5 所示。图 11-4 是用一只功率表跨相 90°。测量对称三相电路的无功功率。功率表的电流线圈串接入三相中的任一相(图中为 A 相)，电压线圈跨接在另外两相之间(如 B、C 相)，这时三相电路的无功功率为功率表读数的$\sqrt{3}$倍，即

$$Q = \sqrt{3} P \qquad (11-5)$$

式中，P 是功率表的读数。当负载为感性时，功率表正偏；负载为容性时，功率表反偏，读数取负值。

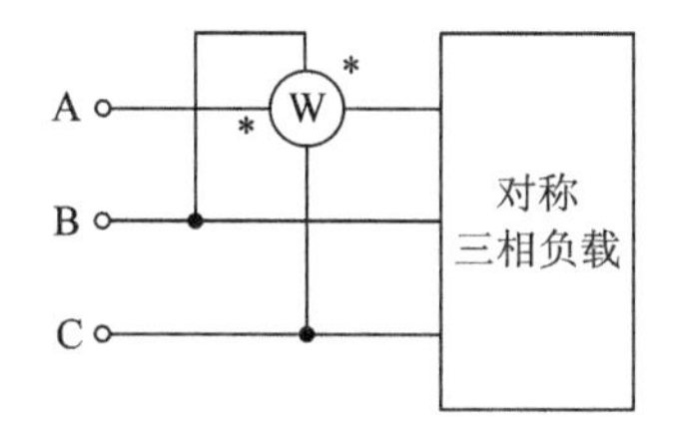

图 11-4　对称三相负载无功功率测量

图 11-5 是用两只功率表测量对称三相电路的无功功率。其接线方法与用“两瓦法”测量有功功率完全相同，这时三相电路的无功功率为

$$Q=\sqrt{3}(P_1-P_2) \tag{11-6}$$

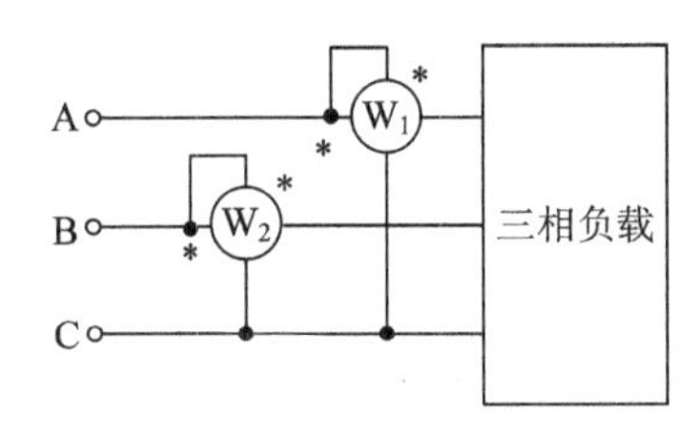

图 11-5　两表法三相负载无功功率测量

三、实验内容

(1) 用一瓦法和三瓦法测量三相四线制电路对称情况下负载消耗的有功功率。

(2) 用两瓦法和三瓦法测量三相三线制电路对称与不对称情况下的有功功率。

(3) 选做内容：测量对称三相感性或容性负载的无功功率。

四、注意事项

(1) 本次实验电源电压为交流 220 V/380 V，必须注意安全，手不要触带电部位。切记：在断电情况下才能连接或者修改电路，做完实验断电后才能拆线！接线完成后，必须经过指导教师检查没有问题后才能通电！

(2) 合理选择电压表、电流表的量程。

(3) 功率表的正确接线、量程选择与读数。

五、思考题

(1) 为什么两瓦法可以测量三相三线制电路的有功功率？

(2) 用两瓦法测三相功率，如果负载是电阻性质的，会不会出现一只表反偏的现象？若出现了反偏现象，试分析是什么原因？

六、预习要求

(1) 认真阅读与本次实验有关的内容。

(2) 根据实验内容，拟定实验线路、步骤和记录数据表格。

七、报告要求

(1) 整理实验数据，进行分析讨论，总结测量三相电路有功功率的方法及各种方法适用的条件。

(2) 回答思考题(2)。

八、仪器设备

(1) 三相负载箱：一只。

(2) D51 功率表：一只。

(3) T77 交流电压表：一只。

(4) T77 交流电流表：一只。

(5) 三相感性或容性负载：一组。

附录A　常用电工仪表及电子仪表

一、指针式电工仪表

1. 指针式电工仪表的组成及基本工作原理

1）指针式电工仪表的组成

指针式电工仪表的种类很多，但它们的主要作用都是将被测电量变换成角位移。指针式仪表通常由测量机构和测量线路两部分组成，其方框图如图A-1所示。从图上可以看出，指针式仪表可以分为测量线路和测量机构两个部分。

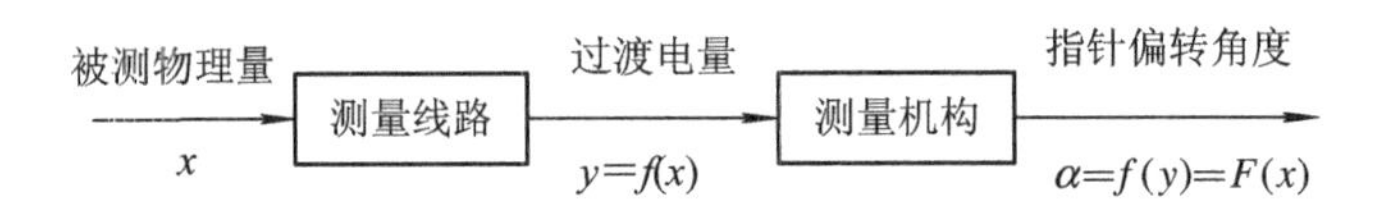

图A-1　指针式电工仪表方框图

测量线路的作用是把被测量 x 转换为测量机构可接受的过渡电量 y（例如转换为电流）。测量线路根据被测对象的不同而配置，如果被测对象可以直接为测量机构所接受，也可以不配置测量线路。

测量机构是指针式仪表的核心，它的作用是将过渡电量 y 转换为指针的角位移 α，由于测量线路中的 x 和 y，测量机构中的 y 和 α 能够保持严格的函数关系，所以可以根据角位移 α 的值直接读出被测量 x 的值。

从结构上说，测量机构由固定部分和可动部分组成。固定部分通常包含有磁路系统或固定线圈、标度盘以及支架等；而可动部分包含有可动线圈或可动铁片、指示器以及阻尼片等。可动部分与转轴相连，通过轴尖被支承在轴承里，或利用张丝、悬丝作为支承部件。可动部分在被测量所形成的转动力矩的作用下，相应的偏转就反映了被测量的数值。

2）指针式仪表的基本工作原理

指针式仪表尽管规格不同，具体结构多种多样，但其基本工作原理却是相同的。掌握了一种指针式仪表的基本工作原理后，就可以对各种系列的指针式仪表融会贯通，掌握其共性部分，在此基础上，对于各系列仪表的特殊部分也就容易掌握了。

在每一种指针式仪表的测量机构内，一定有产生转动力矩、反作用力矩和阻尼力矩的部件。当仪表工作时，转动力矩、反作用力矩和阻尼力矩同时作用在仪表的可动部分上，使得仪表能够反映出被测量的大小。只要搞清楚这三个力矩的产生和作用，也就懂得了指针式仪表的工作原理。

（1）转动力矩。要使指针式仪表的指示器能够转动，在测量机构内必须有转动力矩作用在仪表的可动部分上。指针式仪表的转动力矩是由电磁力或电场力产生的。不同类型的仪表产生转动力矩的机构也各不相同。产生转动力矩的机构是仪表的核心部分，因此，仪表分类主要按这一特征而命名，如磁电系、电磁系、电动系、静电系、感应系等。

转动力矩的大小，除了与被测量 x 的大小有对应的关系外，还常与仪表的偏转角位移 α 有关。转动力矩 $\boldsymbol{M}$ 可看做是 x 与 α 的函数，即

$$\boldsymbol{M} = F_1(x, \alpha) \tag{A-1}$$

但对于磁电系仪表来说，由于气隙中磁场较强，几乎不受可动部分位置的影响，所以磁电系仪表的力矩仅与被测量 x 有关。

(2) 反作用力矩。如果测量机构中只有转动力矩作用在其可动部分上，则不管被测量 x 的大小如何，可动部分在转动力矩的作用下，指针都会偏转到尽头，直至它不能再转动为止。这样的仪表还无法用来测量，还必须有一个反作用力矩同时作用在仪表的可动部分上，并且使得当被测量的大小不同时，可动部分就能分别转过不同的角度。仪表测量机构中的游丝就是起这个作用的。

当可动部分在转动力矩作用下发生偏转时，就会同时扭紧游丝，使游丝产生一个与转动力矩方向相反的反作用力矩。可动部分偏转角度越大，反作用力矩也就越大，当转动力矩等于反作用力矩时，可动部分停止转动。显然，这时可动部分偏转的角度就对应了被测量的大小。

除了用游丝产生反作用力矩外，还可用电磁力产生反作用力矩，例如比率电表。一般来说，反作用力矩 $\boldsymbol{M}_\alpha$ 的大小是仪表可动部分偏转角 α 的函数，即

$$\boldsymbol{M}_\alpha = F_2(\alpha) \tag{A-2}$$

当可动部分停止转动处于平衡位置时，应有

$$\boldsymbol{M} = \boldsymbol{M}_\alpha \tag{A-3}$$

即

$$\boldsymbol{F}_1(x, \alpha) = \boldsymbol{F}_2(\alpha) \tag{A-4}$$

从上式中可以解出：

$$\alpha = \boldsymbol{F}(x) \tag{A-5}$$

可以看出，偏转角 α 的大小取决于被测量 x 的数值，α 与 x 有着一一对应的关系。因此，根据仪表可动部分平衡时对应的偏转角度 α 的大小就可以确定被测量 x 的大小。

(3) 阻尼力矩。有了转动力矩和反作用力矩，虽然可以通过可动部分最终平衡位置对应的偏转角 α 来确定被测量的大小，即用来测量，但是由于可动部分有一定转动惯量，使得仪表的可动部分不能一转动到平衡位置就能停下来，而是会围绕平衡位置左右摆动多次才会停下来，指针会在读数位置来回摆动。

为了缩短摆动时间、尽快读数，测量机构中必须设有能吸收这种振荡能量的阻尼装置，以便产生与可动部分运动方向相反的力矩，即阻尼力矩。

应当指出，阻尼力矩是一种动态力矩，它的大小与可动部分的运动角速度成正比，即

$$\boldsymbol{M}_{\mathrm{P}} = P\frac{\mathrm{d}\alpha}{\mathrm{d}t} \tag{A-6}$$

式中，P 为阻尼系数。当可动部分稳定之后，由于 $\frac{\mathrm{d}\alpha}{\mathrm{d}t}$ 为零，故 $\boldsymbol{M}_{\mathrm{P}}$ 也不复在。因此，阻尼力矩只是影响了可动部分的运动过程，而不会影响它的偏转角 α。

常见的阻尼装置有空气阻尼器、磁感应阻尼器、油阻尼器等。

2. 磁电系仪表

磁电系仪表在指针式电工仪表中占有非常重要的地位，它具有准确率高、灵敏度高、功耗小、刻度均匀等一系列优点。磁电系仪表主要用于测量直流电压和电流；若附上整流器后，可以用来测量交流电压和电流；与变换器配合使用，还可以用来测量多种非电量，如温度、压力等；当采用特殊结构时，还可以制成检流计，测量极其微小的电流(如 10^{-10} A)。

1) 磁电系仪表的结构与工作原理

(1) 结构。磁电系仪表根据磁路形式的不同，可分为外磁式、内磁式和内外结合式三种结构。这里仅介绍广泛应用的外磁式结构。

外磁式磁电系仪表整个结构可分为两大部分：固定部分和可动部分，如图 A-2 所示，外磁式磁电系仪表测量固定部分由永久磁铁、极靴和固定在支架上的铁芯构成。磁铁由硬磁材料做成，而极靴和铁芯则用导磁率很高的软磁材料制成。铁芯位于极靴之间，其空气气隙均匀，从而产生一个均匀的辐射状磁场。

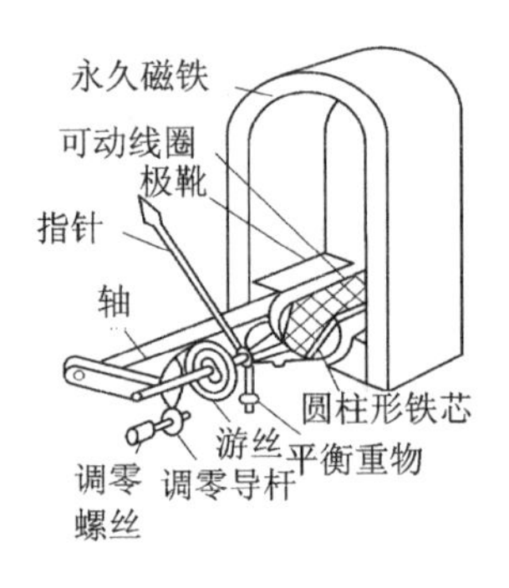

图 A-2　外磁式磁电系仪表测量机构示意图

可动部分包含绕在铝框架上的可动线圈，线圈两端的两个半轴与转轴相连的指针，平衡锤以及游丝所组成。处在均匀辐射状磁场中的可动线圈通电后可产生转动力矩，反作用力矩由游丝产生，而铝框架一方面用于支撑可动线圈，另一方面用来产生阻尼力矩。指针用来读数，在仪表未通电时，指针指在表盘的零刻度处。

(2) 工作原理。通电线圈处在固定的磁场中，会受到磁场力的作用。因此可动线圈通电后在磁场中受力如图 A-3 所示，按左手定则，线圈垂直于磁场的两边所受力大小相等、方向相反，故形成转动力矩，使可动线圈发生转动，带动游丝扭转。而游丝的变形所引起的恢复力产生了反作用力矩，当转动力矩等于反作用力矩时，线圈停止转动，指针指示出被测量的大小。

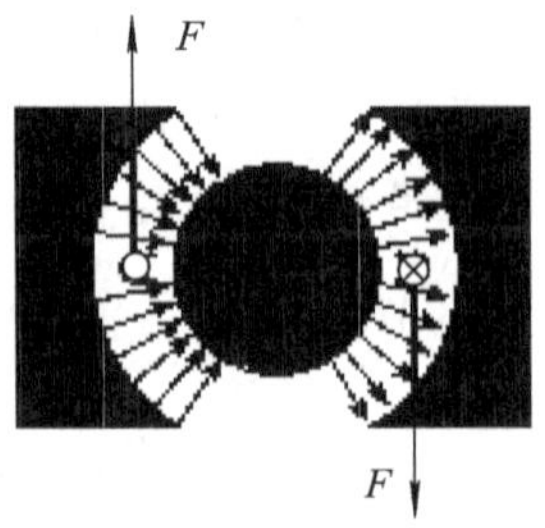

图 A-3　辐射状均匀磁场及载流线圈在磁场中受力

铝框用来产生阻尼力矩。当铝框随可动线圈摆动时，铝框由于切割磁力线而产生感生电流。图 A-4 标出了闭合的铝框中感生电流的方向。由左手定则可以判定，感生电流引起的力矩 $\boldsymbol{M}_{\mathrm{P}}$总是反抗线圈运动的，故为阻尼力矩。可动线圈摆动速度越快，感生电流越大，阻尼力矩也越大；而指针指在平衡位置时，线圈不再运动，阻尼力矩也就消失了。因此，铝框不影响指针的偏转角度，只是改善运动特性。

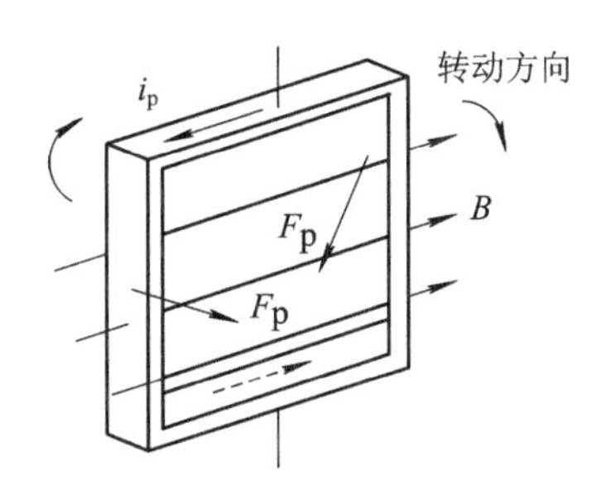

图 A-4　铝框的阻尼作用

(3) 运动方程。下面我们对磁电系仪表指针偏转角 α 的大小进行定量分析。

首先讨论转动力矩。由于通电线圈处在均匀磁场之中，且边长为 l 的两边与磁力线垂直，边长为 b 的两边与磁力线平行，故边长为 l 的两边均受到 $\boldsymbol{F}_{\mathrm{B}}$的力，而与磁力线平行的两边则不受力，如图 A-5 所示。由图可得

$$\boldsymbol{F}_{\mathrm{B}} = nlBI \tag{A-7}$$

线圈受到的转动力矩为

$$\boldsymbol{M}_{\mathrm{c}} = 2F_{\mathrm{B}} \cdot \frac{b}{2} = nBlbI = nBsI \tag{A-8}$$

式中，$s=lb$ 为线圈面积。对于已制成的仪表，线圈匝数 n，线圈面积 s 都为常数，而在线圈活动的范围内，磁感应强度 B 大小相等、方向呈辐射状，始终与通电线圈运动方向垂直，故可令 $K_1=nBs$，则有

$$\boldsymbol{M}_{\mathrm{c}} = K_1 I \tag{A-9}$$

可见，转动力矩与通电电流成正比。

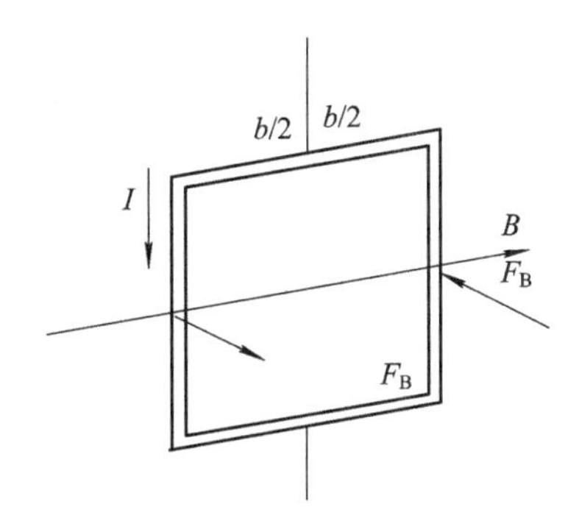

图 A-5　通电线圈在恒定磁场中受力示意图

在弹性限度内，游丝的反作用力矩与它的变形成正比。线圈偏转角 α 越大，则反作用力矩越大。设 D 为弹性系数，则反作用力矩为

$$\boldsymbol{M}_{\alpha} = D\alpha \tag{A-10}$$

当转动力矩等于反作用力矩时，可动线圈处于平衡状态，即

$$M_c = M_\alpha \tag{A-11}$$

将式(A-9)、式(A-10)代入式(A-11)可得

$$\alpha = \frac{K_1}{D}I = S_I I \tag{A-12}$$

式中，$S_I=\frac{K_1}{D}=\frac{nBS}{D}$。因此，磁电系仪表指针的偏转角 α 与通电电流 I 成正比，由此可见，磁电系仪表刻度是均匀的。

式(A-12)又可写为

$$S_I = \frac{\alpha}{I} \tag{A-13}$$

它的意义是通有单位电流时仪表指针的偏转角。S_I称为磁电系仪表的电流灵敏度。灵敏度越高，通有单位电流时偏转角就越大。从式(A-12)还可以看出，当可动线圈电流 I 的方向改变时，偏转的方向也随之改变。

(4) 磁电系仪表的特点。

① 刻度均匀，这是因为偏转角与通电流 I 成正比。

② 测量的基本量是直流电量。对于交流电量，由于仪表可动部分的转动惯量较大，来不及随转动力矩的方向变化而改变，因此，仪表指针实际反映的是平均转动力矩的大小，由此测得的值是代数平均值。

③ 磁电系仪表有极性要求。虽然外加电流改变时，仪表指针可向反方向偏转，但在制造仪表时已将指针位置固定好，使不通电时指针指在最左端的零位，因此，实际上对反向电流，仪表无法读数，且反向电流较大时容易损坏指针。

④ 由于仪表内的磁场由永久磁铁产生，故气隙内的磁感应强度可达到很高数值，且不易受外界磁场干扰，因此，磁电系仪表的准确度等级很高，可达 0.1 级至 0.05 级。并且，由于仪表内部磁场强，只需很微小的电流通过动圈就可以产生足够大的转矩，因此磁电系仪表的灵敏度很高。

⑤ 磁电系仪表也有一些缺点，主要是过载能力差、结构复杂、成本较高。

2) 磁电系电流表

上述的测量机构可以直接用作为电流表，只要被测的电流不超过机构表头的允许值，就可以将表头串入电路，由刻度盘直接读出被测电流的大小。但是，表头允许通过电流很微小，通常为几十微安到几十毫安。这是由于工艺的需要，表头动圈的导线必须很细，电流过大就会因发热而使线圈绝缘损坏。导入电流的游丝，也不能允许太大电流通过，否则会由于过热而失去弹性。因此，在测量大电流时，必须另外外加分流器。一般来说，待测电流小于 50 A 时，分流器安装在电表内部，电流大于 50 A 时，为了散热的需要，分流器做成单独的装置，称为“外附分流器”。

(1) 单量程电流表。设表头内阻为 R_g，允许通过电流为 I_g，现要扩大量程，使可测量流为 I，必须并联一个小电阻 R_S，我们称 R_S为分流器(或分流电阻)，电路如图 A-6 所示，下面我们计算分流电阻 R_S，由于有

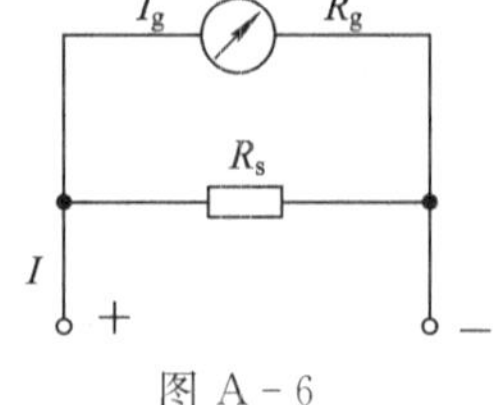

图 A-6

$$I_g = \frac{R_S}{R_S + R_g} I \tag{A-14}$$

从上式中可解出：

$$R_S = \frac{R_g}{\frac{I}{I_g} - 1} \tag{A-15}$$

设扩大量程为 n 倍，即 $I = nI_g$，则有

$$R_S = \frac{R_g}{n-1} \tag{A-16}$$

这表明，将磁电系测量机构可测电流扩大 n 倍时，应该并联的分流电阻为测量机构表头内阻 R_g 的 $1/(n-1)$。

(2) 多量程电流表。在一个电流表中，采用不同阻值的分流电阻，便可制成多量程的电流表，其原理电路如图 A-7 所示。图中用一个转换开关 S，旋至不同的分流电阻上，就可以选择不同的量程。这种接线方式中，各个分流电阻是独立的，调整很方便。但是，由于开关的接触电阻会影响电流比例的准确性，且当测量大电流时，若分流器开关接触不良而造成分流器断开，会使表头过大过载而烧坏。因而，这种接线方式实际上是不采用的。

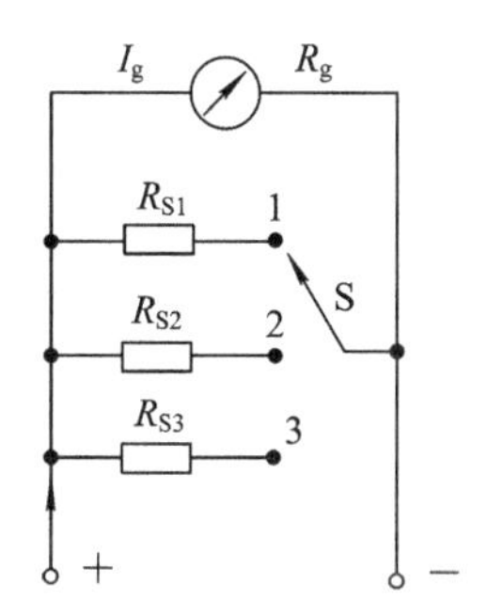

图 A-7　多量程电流表

实际上多量程电流表多采用图 A-8 所示的测量线路。其分流器称为环形分流器(或闭路式分流器)。这样，开关接触电阻总是在总电流支路内，不会影响分流比例，而且开关断开时也不会损坏表头。

$$\begin{cases} R_{S1} = \dfrac{R_g - R_{S2} - R_{S3}}{\dfrac{I_1}{I_g} - 1} \\ R_{S1} + R_{S2} = \dfrac{R_g + R_{S3}}{\dfrac{I_2}{I_g} - 1} \\ R_{S1} + R_{S2} + R_{S3} = \dfrac{R_g}{\dfrac{I_3}{I_g} - 1} \end{cases} \tag{A-17}$$

下面讨论环形分流器电阻 R_{S1}、R_{S2}、R_{S3} 的计算。当开关旋至 1 时，电流表量程最大，允许电流为 I_1，开关旋至 3 时，电流表量程电最小，允许电流为 I_3。对于不同的量程，可以推出对应的电流值。由式(A-17)可以解出 R_{S1}、R_{S2}、R_{S3}。

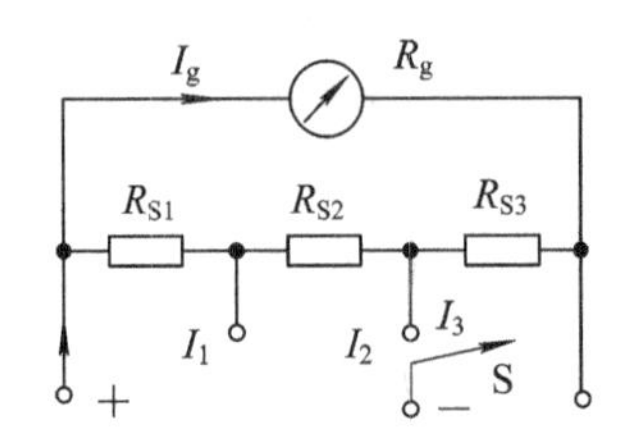

图 A-8　实用多量程电流表电路

(3) 使用磁电系电流表的注意事项。电流表由于量程不同，有安培表(表盘上注有 A 字样)、毫安表(mA)、微安表(μA)等。

在测量电流之前，要大致估计被测电流的大小，选择表的量程要大于估计的电流值。如果事先难以估计，应尽量先选用大量程的电流表进行粗测，然后再用适当量程的电流表测试。

测量某一支路电流时，电流表必须串联在该支路上。为了不影响电路的工作状态，电流表内阻应大大小于负载的阻值，否则应采取一定措施。

在用磁电系仪表测量直流电流时，应注意正、负极性。直流仪表的接线柱旁都标有"+"、"−"等极性符号，接线时应让电流从"+"端流入，表针才能正向偏转。若极性接反，则表针向反向偏转，无法读数。

3) 磁电系电压表

(1) 构成和原理。磁电系仪表测量机构的偏转角 α 与通过动圈电流成正比，而动圈的电阻 R_g 为一常数，由欧姆定律可得偏转角 α 的计算公式为

$$\alpha = S_I I = \frac{S_I}{R_g} U_g = K_V U_g \tag{A-18}$$

因此，线圈偏转的角度 α 也与表头的端电压成正比，如果将表盘按电压来刻度，即可用成电压表。

但是由于表头允许通过电流 I_g 很小，R_g 也不大，允许加在表头的端电压很小，一般只能作成毫伏表，不能满足实际的需要。

为了能够测量较高的电压，又不使通过表头的电流超过允许值，需要在测量机构外串联一个附加电阻 R_m，如图 A-9 所示，这样就可以扩大电压量程。

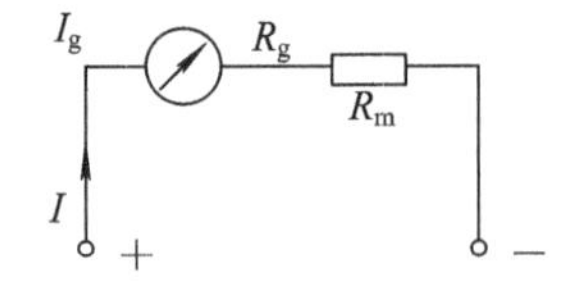

图 A-9　附加电阻扩大电压量程

设扩大量程为 n 倍，即 $U = nU_g$，则有：

$$\frac{nU_g}{R_g + R_m} = \frac{U_g}{R_g} = I_g \tag{A-19}$$

由上式得

$$R_m = (n-1)R_g \tag{A-20}$$

由此可见，要将磁电系测量机构的电压量程扩大 n 倍，需要串联的附加电阻 R_m 为表头内阻 R_g 的 $n-1$ 倍。

磁电系电压表也可以制成多量程的，只要按式(A－20)的需要串联几个不同阻值的附加电阻即可。其电路如图A－10所示。图示电路中各附加电阻的值由下列各式决定：

$$\begin{cases} R_{m3}=\dfrac{U_3}{I_g}-R_g \\ R_{m2}=\dfrac{U_2-U_3}{I_g} \\ R_{m1}=\dfrac{U_1-U_2}{I_g} \end{cases} \tag{A-21}$$

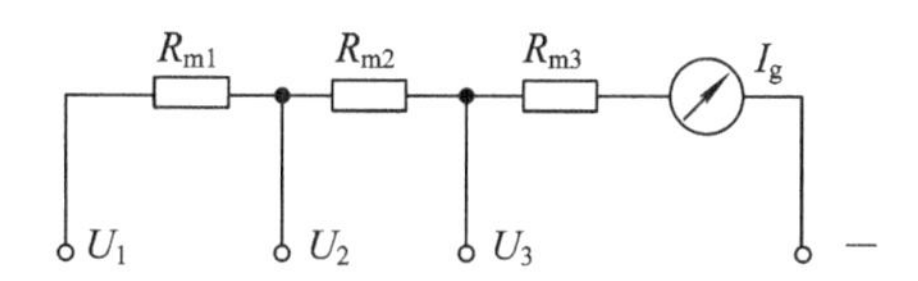

图A－10　多量程电压表测量电路图

附加电阻一般由锰铜丝烧制。由于锰铜丝的温度系数小，可以减少由于环境温度变化引起电阻值的变化而带来的误差。附加电阻也有内附与外附两种方式。内附的附加电阻是装在仪表内部的，用于较低电压量程的电压表；而在测量高电压时，因电阻发热较大，耐压要求高，故一般采用外附方式。

(2) 电压表的灵敏度。类似于电流表灵敏度的定义，我们可以定义$\dfrac{\alpha}{U}=\dfrac{S_I}{R_g+R_m}$为电压表的灵敏度，它表示电压表对单位电压偏转的角度。但是这种定义并不能完全反映电压表的性能。

我们知道，电流表必须串联在电路中，并且表头内阻越小，对电路的工作状态影响越小，电流表的性能就越好。而电流表的灵敏度越高，表头内阻也就越小，因此，电流表的灵敏度可以完全反映电流表的性能。

而测量电压时，必须将电压表并联在负载的两端。由于电压表的内阻不是无穷大，因此电压表接入电路中就可能影响原电路的工作状态。为了对原电路工作状态影响尽可能小，我们希望通过表头的电流I_g越小越好。如果很小的I_g就能使表针偏转达到要求，则认为该电压表的性能好。显然，当量程选定后，电压表的内阻越大，则I_g越小，电压表的性能越好。

实际应用中，我们将$\dfrac{1}{I_g}$称为电压表的灵敏度，即

$$S_V=\frac{1}{I_g} \tag{A-22}$$

S_V的单位为Ω/V，常见的标称方法为1 kΩ/V、10 kΩ/V等。

举例来说，有两块电压表的灵敏度分别为$S_{V1}=1$ kΩ/V、$S_{V2}=20$ kΩ/V，量程为50 V，则两块表的内阻分别为$R_{m1}+R_{g1}=50$ kΩ，$R_{m2}+R_{g2}=1000$ kΩ，外加电压均为10 V时，则$I_{g1}=0.2$ mA，$I_{g1}=0.01$ mA$=10$ μA，显然，第二块电压表的灵敏度高、性能好。

3. 电磁系仪表

在工农业生产中，普遍以正弦交流电作为动力。为了保证生产过程的安全操作和用电

设备的合理运行，需要对各类供电系统、大型用电设备的电压、电流及功率等进行测量与监视。在工业现场，对测量的准确度要求不很高，但要求仪表坚固耐用、价格低廉，而电磁系仪表由于结构简单、成本较低，因而在电工测量中得到了广泛的应用，特别是配电盘上所装的安装式交流电压表和电流表，大都是电磁系仪表。

1）电磁系仪表的结构和工作原理

电磁系仪表的测量机构有三种不同类型：吸引型、排斥型和排斥-吸引型。这里仅介绍前两种类型的结构及其工作原理。

（1）吸引型电磁系仪表。如图 A－11 所示，其中固定线圈和偏心地装在轴上的动铁片用来产生转动力矩；游丝用来产生反作用力矩，而阻尼力矩则由永久磁铁和处在它的气隙中的扇形铝片所组成的磁感应阻尼器产生。为了阻止永久磁铁的磁场对线圈所建立的工作磁场的影响，在永久磁铁和线圈之间加了一块钢质的磁屏。

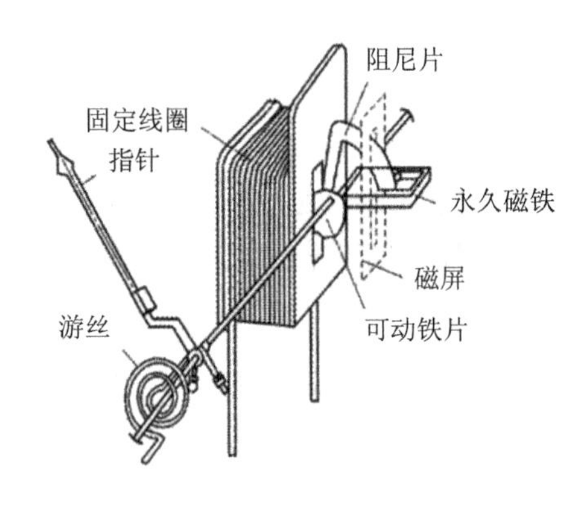

图 A－11　吸引型电磁系仪表结构

吸引型电磁系仪表的工作原理如图 A－12(a)、(b)所示。当线圈通有电流时，线圈附近就产生较强的磁场，磁场方向可由左手定则确定。而铁片处在磁场中被磁化，可动铁片的磁极正好与线圈产生的磁场磁极相对，结果产生了吸引力，从而产生转动力矩，使指针发生偏转。当转动力矩和游丝产生的反作用力矩相等时，指针处于某一平衡位置，从而指示出被测电量的相应数值。当线圈电流方向改变时，线圈所产生的磁场的极性及被磁化的铁片的极性也随之改变见图 A－12(b)。因此，它们之间的作用力仍是吸引的，即转动力矩的方向保持不变。因此，吸引型电磁系仪表可以用来测量交流电量。

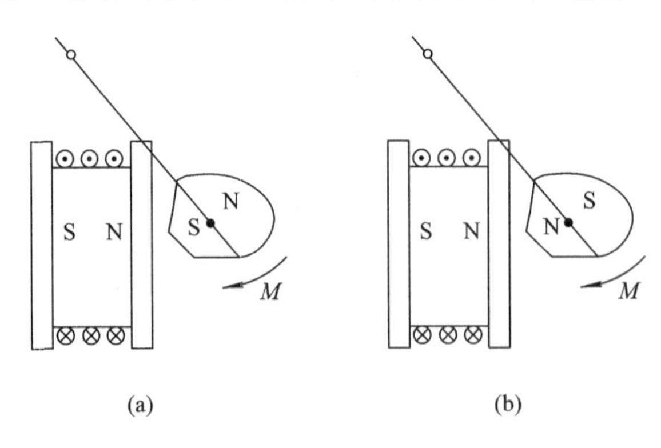

图 A－12　吸引型电磁系仪表的工作原理

吸引型电磁系仪表由于结构上的原因，仪表的准确度等级较低，多在 0.5 级以下，因此一般用于安装式仪表，如配电室中的指示仪表等。

(2) 排斥型电磁系仪表。排斥型电磁系仪表的结构如图 A－13 所示。它的固定部分包括固定线圈和线圈内侧的固定铁片；可动部分包括固定在转轴上的可动铁片、游丝和指针。图中的空气阻尼器翼片，它放置在不完全封闭的扇形阻尼箱内，阻尼器作用为，当指针在平衡位置附近摆时，翼片也随着在阻尼箱内摆，由于箱内空气对翼片的摆起阻碍作用，使摆很快地停止下来。

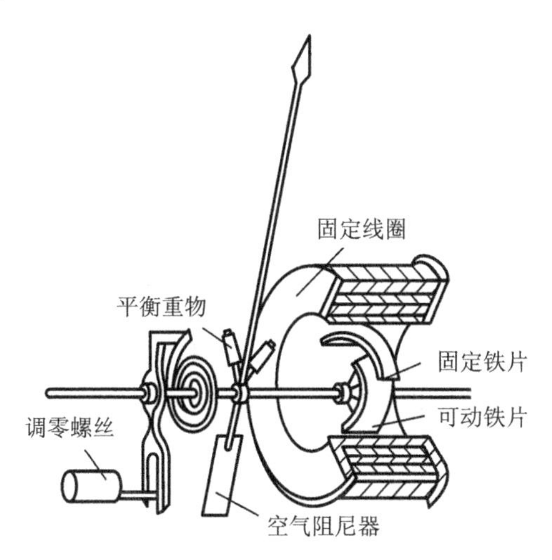

图 A－13 排斥型电磁系仪表的结构

当固定线圈通过电流时，电流所产生的磁场使得线圈内的固定铁片和可动铁片同时磁化，如图 A－14(a)所示。由于同性磁极相互排斥，因而产生转动力矩。当转动力矩与游丝所产生的反作用力矩相等时，指针就指在平衡位置，反映出被测量的数值。当通过固定线圈的电流方向改变时，线圈内的磁力线方向也同时改变，而被磁化的铁片的磁极也随着同时改变，如图 A－14(b)所示。两个铁片仍然相互排斥，转动力矩的方向保持不变。因此，排斥型电磁系仪表也可以用来测量交流电量。

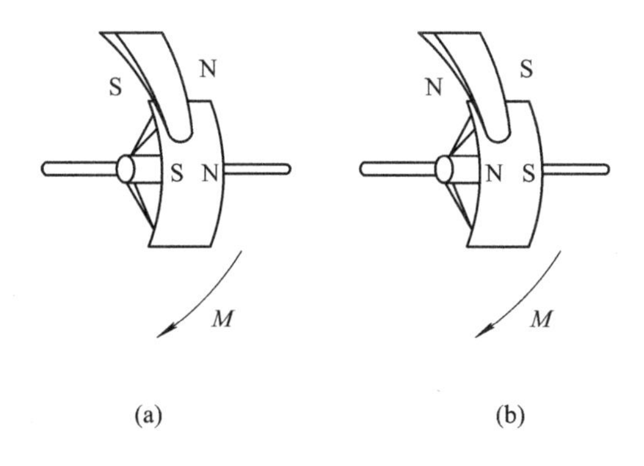

图 A－14 排斥型电磁系仪表中铁片的磁化情况

排斥型电磁系仪表可以得到较均匀的刻度，并能对频率误差作较好的补偿，采用特殊措施并精心设计，可以使仪表的准确度等级提高到0.2～0.1级。目前，国内外高准确度等级的电磁系仪表大都采用排斥型结构。

2）运动方程

（1）电磁转动力矩。当固定线圈通有电流 i 时，将产生转动力矩。不论吸引型或排斥型，其转动力矩将与线圈内建立的磁场 B_1 及铁片磁化后铁片内的磁场 B_2 成正比。当电流为交流电流时，其转动力矩也为时间的函数，即有：

$$m(t) \propto B_1 B_2 \tag{A-23}$$

式中，$m(t) \propto i$；若铁片处于非饱合状态，则 $B_2 \propto i$，于是 $m(t) \propto i^2$ 或

$$m(t) = K_1 i^2 \tag{A-24}$$

而测量机构有惯性，不能随瞬时力矩摆动，所以指针的偏转实际上决定于 $m(t)$ 在一个周期 T 内的平均值 M_P。M_P 由下式计算：

$$M_P = \frac{1}{T}\int_0^T K_1 i^2 \, dt = K\left(\frac{1}{T}\int_0^T i^2 dt\right) = K_1 I^2 \tag{A-25}$$

式中，I 为 i 的有效值。可见，平均转矩与通过线圈电流 i 的有效值的平方成正比。

（2）反作用力矩。在弹性限度内，反作用力矩 M_α 与指针偏转的角度 α 成正比，即

$$M_\alpha = K_2 \alpha \tag{A-26}$$

（3）运动方程。当转动力矩 M_P 等于反作用力矩 M_α 位时，指针停止转动，处于平衡位置，即

$$K_1 I^2 = K_2 \alpha \tag{A-27}$$

由上式得

$$\alpha = \frac{K_1}{K_2} I^2 = K I^2 \tag{A-28}$$

可见，偏转角度 α 与线圈电流有效值的平方成正比。因此，电磁系仪表的刻度是很不均匀的。但实际上，两铁片之间的吸引力或排斥力不仅与磁感应强度 B 有关，而且与它们的相互位置有关，所以实际上刻度的不均匀性要比式（A-30）所示轻一些。若把铁片制成一定形状还可以进一步改善刻度的不均匀性，使得仪表在其标尺的工作部分较为均匀。

3）电磁系电流表和电压表

（1）电磁系电流表。电磁系电流表的不同量程是通过改变固定线圈的匝数和线径来实现的，而不采用电阻分流器来扩大量程。因为表的线圈具有较大电感，不能像磁电系仪表那样来计算分流器的电阻值。

由于电磁系仪表的可动部分是铁片，被测电流只通过固定线圈，所以仪表的测量线路十分简单，只需将固定线圈串在被测电路即可。但是，为了使被磁化的铁片产生足够的转动力矩，必须在线圈内建立一定强度的磁场，一般固定线圈的磁通势要求200～300安匝，这样就带来下列问题：

测量小电流时，线圈应用细导线绕制，为了达到足够的安匝数，线圈匝数很多。例如电流为100 mA时，线圈匝数大约为2000～3000。这样使得线圈电感很大，感抗上升，指针满偏时，电表的电压可达几伏以上，并且频率误差较大。因此，电磁系电流表所测电流的下限大约在100 mA左右，再低量程的电流表制造起来是比较困难的。

测量大电流时，线圈要用粗电线绕制。这在频率较高时集肤效应较明显，使交流等效电阻增大，增加仪表的功率消耗。为了减少集肤效应的影响，对高量程电流表的线圈多采用多股导线绕制，这样又限制了最高电流。通常高量程电磁系电流表量程为 20 A 左右，最多不超过 300 A。当作为安装式电流表需要测量更大的电流时，往往和电流互感器配合使用，以达到测量的目的。

电磁系电流表有时是双量程，例如 0.5/1 A。这种表的线圈用两根同样的线圈并绕。两线圈串联时，量程为 0.5 A；两线圈并联时，量程为 1 A。

(2) 电磁系电压表。将电磁系测量机构与一定电阻串联，就可构成电磁系电压表。值得注意的是，电磁系电压表的内阻不能过大，这是因为线圈必须有一定的电流，才能建立足够的磁场。因此，电磁系电压表的内阻与磁电系电压表相比要小得多，电压灵敏度也低得多。通常电磁系电压表灵敏度为每伏几十欧，而磁电式为每伏几千欧至每伏几十千欧。

4) 电磁系仪表的技术特性

(1) 结构简单，过载能力大。这是因为电磁系仪表测量机构的活动部分不通过电流，因此短时间内线圈电流超过额定值数倍也不至于烧坏。

(2) 可以交直流两用。但实际上，由于可动铁片的直流磁化曲线和交流磁化曲线有较大差异，故按交流有效值刻度的仪表用来测量直流量会产生很大误差(误差可达 10%)。目前有的电磁系仪表采用了优质铁磁材料制成铁片，有效地克服了这一缺点。

(3) 灵敏度低。电磁系电压表内阻偏小，而电磁系电流表内阻又偏大。

(4) 频率特性较差，频率上升时误差较大。对电磁系电流表，误差主要由涡流引起。对于电磁系电压表，误差主要由线圈的感抗随频率变化而引起。因此，普通的电磁系仪表主要用于测量工频交流电量。目前在采用了一些新工艺，并采用频率补偿(通过并联电容及串接电容电阻)后，使得一些新型电磁系仪表频率范围可达 1000 Hz 左右。

(5) 电磁系仪表可以测量周期非正弦信号的有效值。但普通电磁系仪表由于频率误差，故当谐波频率较高、幅值较大时，会产生较大误差。

(6) 准确度不高(一般为 0.5 级以下)，抗干扰能力差。

电磁系仪表虽然有不少缺点，但由于它结构简单、过载能力强等独特优点，得到了广泛的应用。

4. 电动系仪表

磁电系仪表采用一块固定的永久磁铁来建立磁场，使得可动线圈通电后在磁场中受转动力矩而偏转。如果以一个固定的通电线圈来代替永久磁铁，能使其磁场与活动线圈的电流同时改变，利用这种原理构成的仪表称为电动系仪表。

电动系仪表的主要优点是可以交直流两用，准确度高(可达 0.1～0.05 级)，使用频率范围广(可达 2500 Hz)，因此在电工仪表中占有十分重要的地位。电动系仪表除了制成交直流两用的电压表和电流表外，还可做成功率表、相位表和频率表等。

1) 电动系仪表的结构和工作原理

电动系仪表测量机构的结构示意图如图 A-15 所示。电动系仪表有两个线圈，固定线圈(定圈)和活动线圈(动圈)。动圈与转轴固定在一起，转轴上装有指针。反作用力矩由游丝产生，阻尼力矩由空气阻尼器叶片产生。

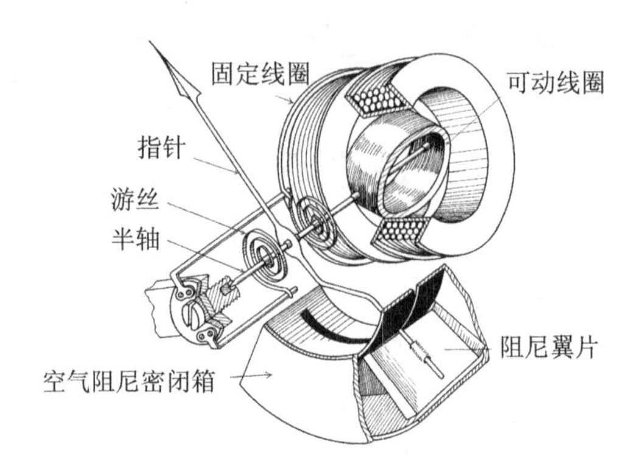

图 A-15 电动系仪表的原理结构

当定圈通以电流 I_1 时，定圈中就产生磁场 B；若动圈再通有电流 I_2 时，由于它处在磁场中，故将受到磁场力 F 作用而产生转动力矩，使指针发生偏转。指针的偏转又使游丝发生形变，产生反作用力矩，当游丝所产生的反作用力矩等于转动力矩时，指针停在平衡位置。

如果 I_1、I_2 的方向同时改变，则指针的受力方向不会改变。故电动系仪表既可用来测直流电量，又可用来测交流电量。

2）运动方程

(1) 转动力矩。当线圈通以直流电流时，动圈的受力由下式决定：

$$\boldsymbol{F} = \boldsymbol{I}_2 \times \boldsymbol{B} \quad (A-29)$$

式中，$\boldsymbol{B}$ 由定圈的电流 I_1，产生。且 $\boldsymbol{B} \propto I_1$。电动系仪表动圈受力的示意图如图 A-16 所示。

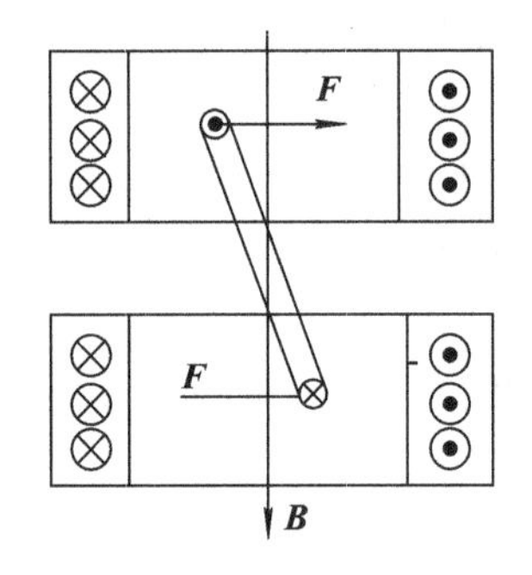

图 A-16 电动系仪表动圈受力示意图

从图上可以看出 $\boldsymbol{F}$ 的方向是不变的，但由于线圈内的磁场不是完全均匀的，故 $\boldsymbol{F}$ 在动圈上的垂直方向的投影随动圈转动的位置不同而变化，因此，转动力矩可以写为

$$M_P = K_1(\alpha) I_1 I_2 \quad (A-30)$$

式中，α 为指针的偏转角，而 $K_1(\alpha)$ 由仪表的结构参数决定。若动圈、定圈通以同一电流 I 时，则有

$$M_P = K_1(a) I \quad (A-31)$$

当定圈和动圈通以正弦交流电流时，设 $i_1 = \sqrt{2} I_1 \sin\omega t$，$i_2 = \sqrt{2} I_2 \sin(\omega t - \phi)$ 则作用在线圈上的瞬时力矩为

$$m(t) = K_1(\alpha) i_1 i_2 \quad (A-32)$$

由于测量机构的惯性，指针来不及随瞬时力矩变化，所以偏转角的大小决定于瞬时力

矩 $m(t)$在一个周期内的平均效果，即有

$$M_P = \frac{1}{T}\int_0^T K_1(\alpha) i_1 i_2 \, dt$$

$$= K_1(\alpha)\left[\frac{1}{T}\int_0^T 2I_1 I_2 \sin\omega t \ \sin(\omega t - \phi) dt\right]$$

$$= K_1(\alpha) I_1 I_2 \cos\phi \tag{A-33}$$

可见，对于交流电流，平均力矩 M_P的大小不仅与 i_1、i_2的有效值有关，还与它们的相位差的余弦以及 $K_1(\alpha)$有关。

若 $i_1 = i_2 = i$，则 $I_1 = I_2 = I$，$\phi = 0$，于是 $M_P = K_1(\alpha) I^2 \cos 0° = K_1 I^2$，和直流形式相同。

在设计时采用了适当措施后，可以使 $K_1(\alpha)$为常数，与偏转角无关。这时，转动力矩取决于两电流的有效值及它们相位差的余弦。

(2) 反作用力矩。在弹性限度内，反作用力矩与指针的偏转角 α 成正比，即

$$M_P = K_2 \alpha \tag{A-34}$$

(3) 运行方程。当指针处于平衡位置时，转动力矩 M_P等于反作用力矩 M_α，即

$$M_P = M_\alpha \tag{A-35}$$

当线圈通以直流电流时，有

$$\alpha = \frac{K_1(\alpha)}{K_2} I_1 I_2 = K(\alpha) I_1 I_2 \tag{A-36}$$

当线圈通以正弦交流电流时有

$$\alpha = \frac{K_1(\alpha)}{K_2} I_1 I_2 \cos\phi = K(\alpha) I_1 I_2 \cos\phi \tag{A-37}$$

如果线圈的动圈和定圈通有同一电流时，则无论是直流还是正弦交流，均有

$$\alpha = K(\alpha) I^2 \tag{A-38}$$

3) 电动系电流表和电压表

(1) 电动系电流表。将电动系测量机构的定圈和动圈直接串联起来，就可构成电流表。由式(A-38)可看出，偏转角取决于 I^2 和 $K(\alpha)$。

其标尺刻度是不均匀的，若适当选择线圈的尺寸和相对位置，使 $K(\alpha)$随 α 增加而减少，可以改善刻度的不均匀性。

用上述方式构成的电流表只能测 0.5 A 以下的电流，这是由于被测电流要通过游丝和动圈，因而对电流的大小有限制。若要测较大电流，通常将动圈和定圈并联，或应用分流电阻对动圈进行分流。

电动系电流表也可以制成多量程的，通常为两个量程。若一个量程为 I_m，则另一个量程为 $2I_m$。电动系电流表的最大量程约为 10 A，测量更大电流时，需要和电流互感器配合作用。

(2) 电动系电压表。将电动系仪表测量机构定圈和动圈及附加电阻串联，就构成了电动系电压表。串联不同数值的附加电阻就可以得到多量程电压表。当外加电压为正弦电压时，通过仪表的电流 I 为

$$I = \frac{U}{\sqrt{R^2 + (\omega L)^2}} \tag{A-39}$$

式中，U 为被测电压有效值，R 为电压表总电阻，L 为总电感，ω 为被测电压信号的角频

率。由此得

$$\alpha = K(\alpha)I^2 = \frac{K(\alpha)}{R^2 + (\omega L)^2}U^2 \tag{A-40}$$

可以看出，电压表的刻度也是不均匀的，其不均匀性可以用与电流同样的方法来改善。

从式(A－42)可以看出，当频率增高时，偏转角 α 会相应减少，造成频率误差。当电压表量程较高时，$R \gg \omega L$，频率误差的影响较小，而电压表量程很低时，频率误差的影响就不能忽略。为了减少此误差，通常在低量程对应的附加电阻上并联一个电容，使其对频率误差进行补偿。

4）电动系功率表

已知在直流电路中，功率的计算公式为 $P=UI$；在正弦稳态电路中，有功功率的计算公式为 $P=UI\cos\phi$。因此，测量直流功率，必须测量出负载电压和电流的乘积，测量正弦稳态电路的有功功率，必须测量出电压、电流及电压电流相位差余弦的乘积。而电动系仪表的转动力矩正好能反映出对应的关系，因而可以用来测量功率。现代的功率表大多采用电动系测量机构。

(1) 电动系功率表的测量原理。其线路如图 A－17 所示。电动系仪表定圈的导线较粗，允许通过较大电流，通常作电流线圈。电动系功率表中通常有两个定圈(图 A－17 的 1、2)，一方面可以在定圈内获得更为合适的磁场，另一方面可用作改变电流量程。动圈导线较细，通常串联一个附加电阻作为电压线圈。电流线圈与负载 Z_L 串联，电压线圈与 Z_L 并联。

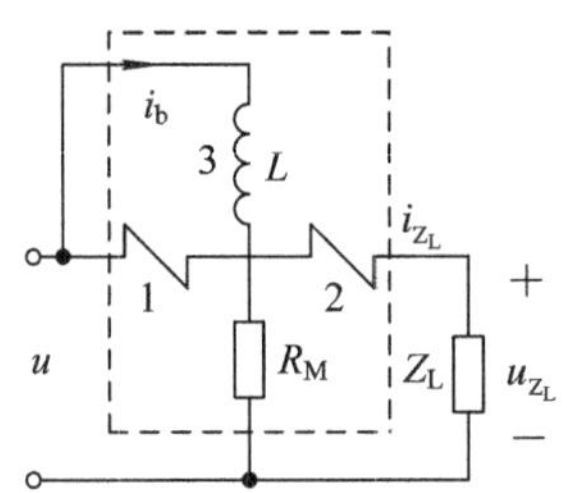

图 A－17　电动系功率表测量的原理线路

从图 A－17 可看出，$i_a = i_{Z_L}$，而当负载阻抗 $|Z_L| \gg |Z_d|$ 时，有

$$i_b \approx \frac{u}{\sqrt{R^2 + (\omega L)^2}} \approx \frac{u}{R} \tag{A-41}$$

式中，R 为电压线圈的总电阻，ωL 为动圈的感抗，通常它远小于电阻 R。可见，i_a 与负载电流 i_{Z_L} 同相，而 i_b 与外加电压 u 同相。由于定圈的阻抗远小于负载阻抗，故可忽略定圈的影响，认为 i_b 与负载电压 u_{Z_L} 同相。设 Z_L 的阻抗角为 ϕ，则有

$$\alpha = \frac{K_1(\alpha)}{K_2} I_a I_b \cos\phi = \frac{K_1(\alpha)}{K_2 R} I_{Z_L} U_{Z_L} \cos\phi \tag{A-42}$$

通常适当设计测量机构使得 $K_1(\alpha)$ 为常数 K_α，则有

$$\alpha = \frac{K_\alpha}{K_2 R} I_{R_L} = K_P P \tag{A-43}$$

可见，指针偏转与负载上消耗的有功功率成正比，且刻度均匀。

上述推导过程虽是在正弦稳态的条件进行的，但其结论对于周期非正弦电路同样成立。

当电路为直流稳态时，有

$$\alpha = \frac{K_\alpha}{K_2 R} I_{R_L} U_{R_L} = K_P P \tag{A-44}$$

可见，指针偏转仍与负载消耗功率成正比。因此，电动系功率表可以用来测量直流功率，正弦稳态电路的有功功率和周期非正弦电路的平均功率。

(2) 多量程功率表。通常功率表可作成多量程的，有 2 个电流量程、2 或 3 个电压量程，通过它们的组合，可以得到 4～6 个功率量程。

电流线圈量程改变的接线圈如图 A－18 所示，当采用图(a)接法时，两线圈串联，允许电流为 I(例如 0.5 A)，采用图(b)接法时，允许电流为 $2I$(例如 1 A)。电压线圈的接线圈如图 A－19 所示。

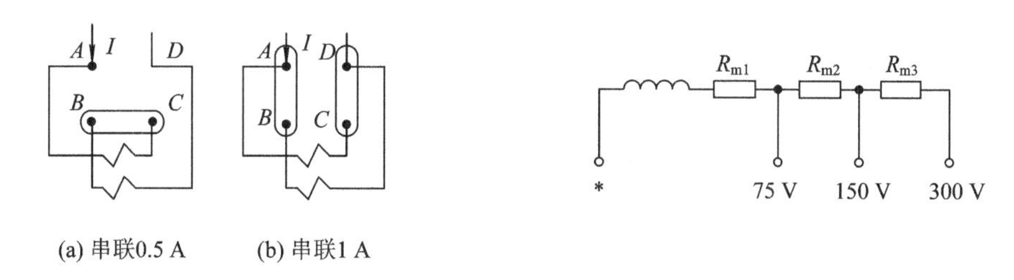

图 A－18　功率表电流量程改变接线图　　图 A－19　功率表电压线圈改变接线图

在选择功率表量程时，必须注意以下问题：

(a) 要保证通过定圈的电流和加在电压线圈上的电压均在允许的范围内。这是因为功率表指针的偏转不仅与通过电流线圈的电流有效值 I 及电压线圈两端的电压有效值 U 的乘积成正比，还与电流和电压相位差的余弦有关，对于低功率因数的负载来说，往往指针偏转很小时，电流线圈或电压线圈就可能超过允许值，而使功率表损坏。因此，使用功率表测量时，一般要同时用电流表及电压表监测电压和电流，以保证仪表安全。

(b) 确定每一量程满偏值的读数。例如电流量程为 0.5 A，电压量程为 150 V，则指针满偏时的功率为 0.5×150＝75 W，即该挡功率量程为 75 W。若电流量程为 5 A，电压量程为 300 V，则该挡功率量程为 1500 W。

(3) 功率表的使用。功率表测量功率时，接线较为复杂，初学者往往不能灵活掌握，而功率表使用不当时，极易造成损坏。因此对功率表的接线原则必须给予足够的注意。

功率表有两个独立支路：电流线圈支路和电压线圈支路。通常在电流线圈的一端和电压线圈支路中靠近动圈的那一端标有“*”、“±”等符号，它们称作对应端或发电机端，如图 A－20 所示。功率表的正确接线规则如下：

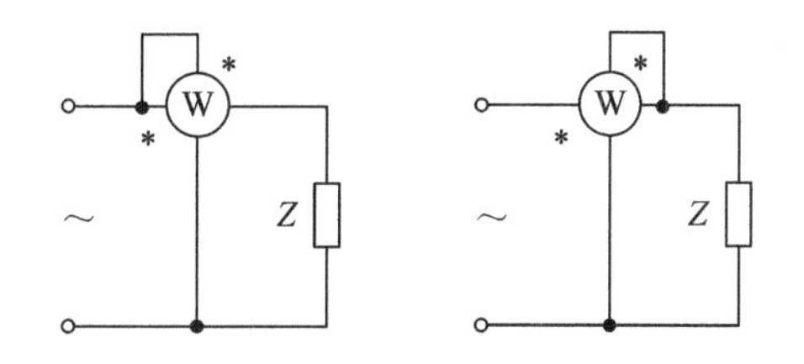

图 A－20　功率表的接线图

(a) 功率表上标有“*”号的电流线圈端钮必须接电源一侧，而另一电流线圈端钮接至负载端。电流线圈必须串联在电路中。

(b) 功率表上标有“ * ”号的电压线圈的端钮可以接至电流线圈的任意端钮，而另一电压线圈的端钮必须跨接到负载的另一端。功率表的电压线圈必须并联在待测负载的两端。功率表的正确接线如图 A-20 所示。

当按上述方式接线时，可以使得电流线圈电流 I_1，与电压线圈电流 I_2之间的相位差$|\phi|<\pi/2$ 时，指针正方向偏转。如果电流线圈接反，则电流线圈电流相位变化 180°，相量图如图 A-21 所示，可见这时两个电流的相位差$|\phi|>90°$，因此 $\cos\phi<0$，转动力矩反向，故指针应向反向偏转，不仅无法读数，而且仪表指针容易损坏。如果两对端钮同时反接，虽然从理论上说，这时指针不会反偏，可以读数，但由于电压线圈的附加电阻 R_m 极大，电压线圈支路上的电压几乎全落在 R_m 上，这时，电压线圈中的动圈和电流线圈之间的电压约等于负载电压。当负载电压很高时，有可能发生绝缘被击穿的危险，并会引起附加误差，所以也是不允许的。

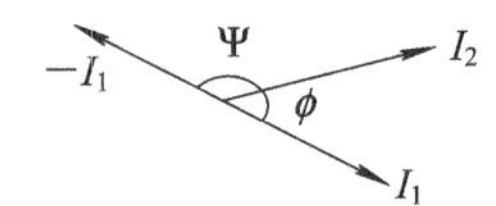

图 A-21 功率表电压线圈及电流线圈电流的相量图

有时功率表的接线正确，但指针反偏。这说明 $\cos\phi<0$，或者说$|\phi|>90°$。这种情况在当测量一个二端含源网络的功率或用两表法测量含有电抗负载的三相电路功率时会遇到。这时，应将电流线圈反接，而不允许将电压线圈反接。反接后功率表的读数应为负值。在测量三相功率时更应注意正确接线，否则会把因错误接线而造成的指针反偏误认为功率表读数为负值，而造成错误结果。

(4) 低功率因数功率表。普通功率表的表盘刻度是按额定电压 U_m 额定电流 I_m 及功率因数 $\cos\phi=1$ 的情况下进行刻度的，当被测功率 $P=U_m I_m$时，功率表指针偏转到满刻度。用普通功率表测量低功率因数负载的功率时，例如 $\cos\phi=0.1$，则外加电压和电流达到额定值时，$P=U_m I_m\cos\phi=0.1U_m I_m$，所以指针只能偏转到满刻度的 1/10，不便读数，并且其他因素(例如功率表本身损耗，功率表的角误差，摩擦等)的影响所带来的误差也不容忽略。因此，就产生了低功率因数功率表。在各种类型的低功率因数功率表中，都采取了特殊的减少误差的措施，从而能够适应在低功率因数的电路中测量小功率。

低功率因数功率表主要有以下三种类型：① 应用补偿线圈的低功率因数功率表；② 应用补偿电容的低功率因数功率表；③ 带光标指示器的张丝式的低功率因数功率。

低功率因数功率表的读数与普通功率表略有不同。若低功率因数表的额定电压为 U_m，额定电流为 I_m，额定功率因数为 $\cos\phi_m$(例如 $\cos\phi_m=0.2$)，则指针满刻度偏转对应的功率量程为

$$P_m = U_m I_m \cos\phi_m \qquad (A-45)$$

$\cos\phi_m$的值在表盘上标明。设表盘刻度共有 αm 格，则每格对应的功率读数为

$$C = \frac{P_m}{m} = \frac{U_m I_m \cos\phi_m}{\alpha m} \quad (\text{W/格}) \qquad (A-46)$$

C 通常称为分格常数(或分格价)，这样，由实际偏转 α 格数就可得出实测功率为

$$P = C\alpha \qquad (A-47)$$

5. 常用电工仪表的选用

1）电工仪表的表面标记

电测量仪表类型繁多，性能各异。通常在每一个电测量仪表刻度盘表面上标记有多种符号，这些符号显示了仪表的基本技术特性。为了正确选用和使用仪表，国家标准规定把仪表的结构特点、电流种类、测量对象、使用条件、工作位置、准确度等级等等，用不同符号标明在仪表的刻度盘上，这些符号称为仪表的表面标记。各种符号及所表示的意义如表所示。选用仪表时应注意这些标记，以防使用出错。

2）电工仪表的正确选用与使用

（1）仪表的选用。一般来说，可根据以下几方面来选择仪表：

（a）根据被测量的性质选择仪表类型。被测量是直流应选直流表，被测量是正弦交流，应选用交流表。若被测量是非正弦波，要区别是测什么值，如果测有效值，可选择电磁式或电动式原理的电表；测直流成分选磁电式表；测平均值选整流式表；测最大值选用峰值表；测瞬时值选用示波器等。

一般常见的交流电表适用的频率范围窄，若被测量是中频或高频，应选用宽频带电表。

（b）根据测量准确度，合理选择仪表的准确度等级。通常 0.1 和 0.2 级表用作标准表及精密测量中；0.5～1.5 级表用于实验室或研究中测量；1.0 级以下电表用于一般工业测量；2.0～5.0 级电表用于普通检测，例如家用电度表等。

（c）根据被测量的大小，选择合适的仪表量程。选择量程的依据是电源电压、电路参数变化情况等。先估计可能出现的最大电压、电流值，量程应选为该最大值的 1.5～2 倍为宜。如果不知道被测量的大概数值，则选用大量程，测出大概数值，然后逐步换成小量程。

（d）根据测量线路及被测对象的阻抗大小选择仪表的内阻。仪表的内阻，对被测电路的工作状态有影响，使测量结果产生误差。选择仪表内阻应满足如下要求：电压内阻 $R_V > 100R_P$，其中 R_P 为与该电压表并联的被测电路的总电阻；电流表内阻 $R_A < \frac{1}{100}R_S$，其中 R_S 为与电流表串联的总电阻。

（2）仪表的使用：

（a）仪表在使用中应满足正常工作条件，否则就会引入一定的附加误差。测量前应注意使仪表指针校零；测量中应使仪表保持规定位置安放；测量的频率与波形应满足仪表要求；仪表须远离外磁场、外电场等。

（b）仪表应正确接线。仪表的接线必须正确，否则测量会出错甚至发生危险事故。测量中首先应深刻了解电表的使用方法和基本操作知识，电流表应串联在被测支路中，电压表应并联在被测支路两端。直流表要注意正负极性，外电路电流是从标有“＋”端流入电表中等。

（c）正确读数。读数前应看好量程和分格等级，读数时视线、指针及指针影响三者重合。

当指针指示在两条分度线之间时，可估读一位数字。估读超出一位数，则超出仪表的准确度范围，就没有意义了。反之，如果记录位数太少，不能达到所选仪表的准确度，也是不对的。

电工仪表的表面主要标记见下表。

表 1　测量单位的符号

名称	符　号	名称	符　号
千安	kA	千赫	kHz
安培	A	赫兹	Hz
毫安	mA	兆欧	MΩ
微安	μA	千欧	kΩ
千伏	kV	欧姆	Ω
伏特	V	毫欧	mΩ
毫伏	mV	微欧	μΩ
微伏	μV	相位角	φ
兆瓦	MW	功率因数	$\cos\varphi$
千瓦	kW	无功功率因数	$\sin\varphi$
瓦特	W	微法	μF
兆乏	Mar	皮法	pF
千乏	kvar	亨	H
乏尔	var	毫亨	mH
兆赫	MHz	微亨	μH

表 2　仪表工作原理的图形符号

名　称	符　号	名　称	符　号
磁电系仪表		铁磁电动系仪表	
磁电系比率表		铁磁电动系比率表	
电磁系仪表		感应系仪表	
电磁系比率表		静电系仪表	
电动系仪表		整流系仪表(带半导体整流器和磁电系测量机构)	
电动系比率表		热电系仪表(带接触式热变换和器磁电系测量机构)	

表 3　准确等级的符号

名　称	符　号	名　称	符　号	名　称	符　号
以标度尺的量限百分数表示的准确度等级，例如1.5级	1.5	以标度尺长度百分数表示的准确度等级，例如1.5级	1.5	以指示值百分数表示的准确度等级，例如1.5级	1.5

表 4　端钮及调零器的符号

名　称	符　号	名　称	符　号
负端钮		与外壳相连接的端钮	
正端钮		与屏蔽相连接的端钮	
公共端钮		调零器	
接地用的端钮			

表 5　工作位置的符号

名　称	符　号	名　称	符　号	名　称	符　号
标度尺位置为垂直的		标度尺位置为水平的		标度尺位置为水平面倾斜成一角度，例如60°	60°

表 6　电流种类的符号

名　称	符　号	名　称	符　号	名　称	符　号
直流		交流(单相)		直流和交流	

表 7　绝缘强度的符号

名　称	符　号	名　称	符　号
不进行绝缘强度试验	0	绝缘强度试验电压为2 kV	2

表 8　按外接条件分组的符号

名　称	符　号	名　称	符　号	名　称	符　号
Ⅰ级防外磁场(例如磁电系)		Ⅲ级防外磁场及电场	Ⅲ　Ⅲ	B组仪表	B
Ⅰ级防外电场(例如静电系)		Ⅳ级防外磁场及电场	Ⅳ　Ⅳ	C组仪表	C
Ⅱ级防外磁场及电场	Ⅱ　Ⅱ	A组仪表	A		

二、数字式电工仪表

随着电子技术和微处理器技术的发展，数字式仪表有逐步取代指针式仪表的趋势，数字式电工仪表与指针式电工仪表相比，具有如下优点：

（1）测量精度高：数字式仪表没有指针式仪表中的指针，表头机构、刻度盘等装置对结果的精度限制，也不会像指针式仪表由于外界干扰或电路元件本身的误差而影响精度，并且在时间测量方面具有独有的高分辨率的和高精度的特点，这是指针式仪表所不可能具有的。

（2）自动化程度高：数字式仪表可以实现自动重复测量，自动转换极性，自动选择量程，自动调零或调节平衡，自动校准，自动采样，自动显示记录等，还可以与计算机配合使用。

（3）测量速度快：可以实现高速采样，高速运算等。

（4）操作简单：没有读数误差。

（5）用途广：可以直接测量时间、电压，也可测量电流、电阻、功率、相位等。亦可与传感器配合使用，来测量非电量(如温度、压力、长度、速度、转速等)。

1. 数字式万用表

数字式万用表，是一种多用途电子测量仪器，主要用于基本故障诊断的便携式装置。它可以有很多特殊功能，但主要功能是对电压、电流和电阻进行测量。图 A－22 为 VC9807A＋数字万用表。

图 A－22　VC9807A＋数字万用表

1）电压的测量

数字式万用表的一个最基本的功能就是测量电压。包括直流电压和交流电压的测量。

交流电压的波形可能是正弦(正弦波)或非正弦(锯齿波、方波等)。许多数字式万用表可以显示交流电压的“rms”(有效值)。有效值就是交流电压等效于直流电压的值。许多的表有“平均值”(average responding)的功能，当输入一个纯正弦波时它可以给出有效值。这种表不能准确的测量非正弦波的有效值。具有真有效值(true-rms)功能的数字式万用表可以精确的测量非正弦波的真有效值。

数字式万用表测量交流电压的能力由被测信号的频率限制。大多数数字式万用表可以精确测量 50 Hz 到 500 Hz 的交流电压。但数字式万用表的交流测量带宽可到几百千赫兹。对于交流电压和电流来说，其频率范围应与数字式万用表规格书一致。

(a) 直流电压的测量：

① 将黑表笔插入 COM 插孔，红表笔插入 V/Ω 插孔；

② 将功能开关置于直流电压挡量程范围，并将测试表笔连接到待测电源(测开路电压)或负载上(测负载电压降)，红表笔所接端的极性将同时显示于显示器上；

③ 查看读数，并确认单位；

注意：为了正确读出直流电压的极性，将红色表笔接电路正极，黑色表笔接负极或电路地。如果用相反的接法，有自动调换极性功能的数字式万用表会显示负号来指示负的极性。

④ 如果不知被测电压范围，将功能开关置于最大量程并逐渐下降；

⑤ 如果显示器只显示“1”，表示过量程，功能开关应置于更高量程；

⑥ 不要测量高于 1000 V 的电压，显示更高的电压值是可能的，但有损坏内部线路的危险；

⑦ 当测量高电压时，要格外注意避免触电。

(b) 交流电压的测量：

① 将黑表笔插入 COM 插孔，红表笔插入 V/Ω 插孔；

② 将功能开关置于交流电压挡量程范围，并将测试笔连接到待测电源或负载上。测试连接同上。测量交流电压时，没有极性显示。

注意：

① 参考直流电压注意；

② 不要输入高于 700 Vrms 的电压，显示更高的电压值是可能的，但有损坏内部线路的危险；

③ 无论测交流还是直流电压，都要注意人身安全，不要随便用手触摸表笔的金属部分。

2) 电流的测量

(a) 直流电流的测量：

① 将黑表笔插入 COM 插孔，当测量最大值为 200 mA 的电流时，红表笔插入 mA 插孔，当测量最大值为 20 A 的电流时，红表笔插入 20 A 插孔；

② 将功能开关置于直流电流挡量程，并将测试表笔串联接入到待测负载上，电流值显示的同时，将显示红表笔的极性。

注意：

① 如果使用前不知道被测电流范围，将功能开关置于最大量程并逐渐下降。

② 表示最大输入电流为 200 mA，过量的电流将烧坏保险丝，应再更换，20 A 量程无保险丝保护，测量时不能超过 15 秒。

(b) 交流电流的测量：

测量方法与 1)相同，不过挡位应该打到交流挡位，电流测量完毕后应将红笔插回 V/Ω 孔，若忘记这一步而直接测电压，万用表或电源会报废。

3）电阻的测量

将表笔插进“COM”和“V/Ω”孔中，把旋钮打旋到“Ω”中所需的量程，用表笔接在电阻两端金属部位。

注意：

① 如果被测电阻值超出所选择量程的最大值，将显示过量程“1”，应选择更高的量程，对于大于 1 MΩ 或更高的电阻，要几秒钟之后读数才能稳定，这是正常的；

② 当没有连接好时，例如开路情况，仪表显示为“1”；

③ 当检查被测线路的阻抗时，要保证移开被测线路中的所有电源，所有电容放电。被测线路中，如有电源和储能元件，会影响线路阻抗测试正确性；

④ 万用表的 200 MΩ 挡位，短路时有 10 个字，测量一个电阻时，应从测量读数中减去这 10 个字。如测一个电阻时，显示为 101.0，应从 101.0 中减去 10 个字，被测元件的实际阻值为 100.0 即 100 MΩ；

⑤ 测量中可以用手接触电阻，但不要把手同时接触电阻两端，这样会影响测量精确度，人体是电阻很大但是个有限大的导体。读数时，要保持表笔和电阻有良好的接触；注意单位：在“200” 挡时单位是“Ω”，在“2k”到“200k”挡时单位为 “kΩ”，“2M”以上的单位是“MΩ”。

4）二极管的测量

数字式用表可以测量发光二极管、整流二极管等多种二极管。测量时，表笔位置与电压测量一样，将旋钮旋到二极管挡；用红表笔接二极管的正极，黑表笔接负极，这时会显示二极管的正向压降。肖特基二极管的压降是 0.2 V 左右，普通硅整流管（1N4000、1N5400 系列等）约为 0.7 V，发光二极管约为 1.8～2.3 V。调换表笔，显示屏显示“1”则为正常，因为二极管的反向电阻很大，否则此管已被击穿。

5）三极管的测量

表笔插位同上，测量原理同二极管。先假定 A 脚为基极，用黑表笔与该脚相接，红表笔与其他两脚分别接触；若两次读数均为 0.7 V 左右，然后再用红表笔接 A 脚，黑笔接触其他两脚，若均显示“1”，则 A 脚为基极，否则需要重新测量，且此管为 PNP 管。那么集电极和发射极如何判断呢？数字表不能像指针表那样利用指针摆幅来判断，那怎么办呢？我们可以利用“h_{FE}”挡来判断：先将挡位打到“h_{FE}”挡，可以看到挡位旁有一排小插孔，分为 PNP 和 NPN 管的测量。前面已经判断出管型，将基极插入对应管型“b”孔，其余两脚分别插入“c”，“e”孔，此时可以读取数值，即 β 值；再固定基极，其余两脚对调；比较两次读数，读数较大的管脚位置与表面“c”，“e”相对应。

小技巧：上述方法只能直接对如 9000 系列的小型管测量，若要测量大管，可以采用接线法，即用小导线将三个管脚引出。

6）MOS 场效应管的测量

N 沟道的有国产的 3D01、4D01，日产的 3SK 系列。G 极（栅极）的确定：利用万用表的二极管挡。若某脚与其他两脚间的正反压降均大于 2 V，即显示“1”，此脚即为栅极 G。再交换表笔测量其余两脚，压降小的那次中，黑表笔接的是 D 极（漏极），红表笔接的是 S 极（源极）。

7）电容测试

连接待测电容之前，注意每次转换量程时，复零需要时间，有漂移读数存在不会影响测试精度。

(a) 将功能开关置于电容量程；

(b) 将电容器插入电容测试座中。

注意：

① 仪器本身已对电容挡设置了保护，故在电容测试过程中不用考虑极性及电容充放电等情况；

② 测量电容时，将电容插入专用的电容测试座中(不要插入表笔插孔 COM、V/Ω)；

③ 测量大电容时稳定读数需要一定的时间；

④ 电容的单位换算：1 μF=10^6 pF，1 μF=10^3 nF。

8) 通断测试

(a) 将黑表笔插入 COM 插孔，红表笔插入 V/Ω 插孔(红表笔极性为"+")将功能开关置于通断测量挡、并将表笔连接到待测二极管，读数为二极管正向压降的近似值；

(b) 将表笔连接到待测线路的两端如果两端之间电阻值低于 70 Ω，内置蜂鸣器发声。

2. 数字式频率计

数字式频率计是测量周期变化电压、电流的信号频率和周期的测量仪表。图 A-23 为 HC-F1000C 多功能计数器。HC-F1000C 是采用单片机对测量进行智能化控制和数据处理的多功能计数器。

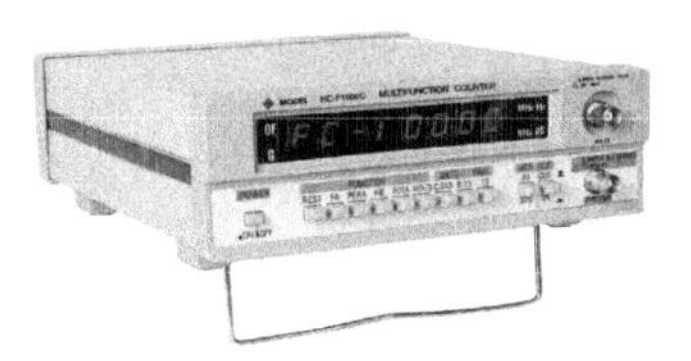

图 A-23　HC-F1000C 多功能计数器

1) 技术指标

(1) 频率测量范围：

A 通道：1 Hz～100 MHz；

B 通道：100 MHz～1000 MHz(最高可达 1200 MHz)。

(2) 周期测量范围(仅限于 A 通道)：

A 通道：1 Hz～10 MHz。

(3) 计数频率及容量(仅限于 A 通道)：

频率：1 Hz～10 MHz；

容量：10^8～1。

(4) 输入阻抗：

A 通道：R≈1 MΩ，$C \leqslant 35$ pF；

B 通道：50 Ω。

(5) 输入灵敏度：

A 通道：	1 Hz～10 Hz	优于 50 mVrms(仅供参考)
	10 Hz～80 MHz	优于 20 mVrms
	80 MHz～100 MHz	优于 30 mV

B 通道：100 MHz～1000 MHz　　优于 20 mV

　　　1000 MHz～1200 MHz　　优于 50 mV(仅供参考)

(6) 闸 f—j 时间预选：0.01s、0.1s、1s 或保持。

(7) 输入衰减(仅限于 A 通道)：

A 通道：×1 或×20 固定。

(8) 输入低通滤波器(仅限于 A 通道)：

截止频率：≈100 kHz；

衰减：−3 dB(100 kHz 频率点，输入幅度不得＜30 mVrms)。

(9) 最大安全电压：

A 通道：250 V(直流和交流之和；衰减置×20 挡)；

B 通道：3 V。

(10) 准确度：

准确度的计算公式为：±时基准确度±触发误差×被测频率(或被测周期)±LSD

其中：LSD＝±被测$\frac{100\ \text{ns}}{\text{闸门时间}}$频率(或被测周期)。

(11) 时基：

标称频率：10 MHz；

频率稳定度：优于 5×10^{-6}/天。

(12) 时基输出：

标称频率：10 MHz；

"0"电平：0～0.8 V；

"1"电平：3～5 V。

(13) 显示：八位 0.4 寸红色发光数码管并带有十进制小数点显示。

(14) 电源电压：

电压：220 V±10%；

频率：50 Hz±5%。

2) 工作原理

HC－F1000C 多功能计数器原理框图如图 A－24 所示。测量的基本电路主要由 A 通道(100 MHz 通道)、B 通道(1000 MHz 通道)、系统门选择、同步逻辑以及计数器 1、计数器 2、MPU 微处理器、电源等组成。

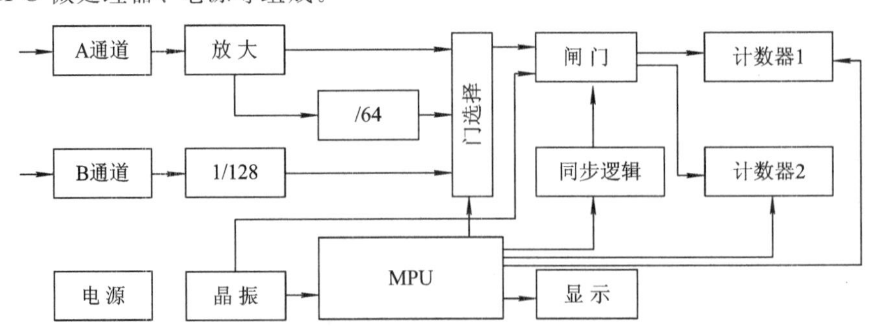

图 A－24　多功能计数器的工作原理框图

本仪器进行频率、周期测量是采用等精度的测量原理。即在预定的测量时间(闸门时间)内对被测信号的 N_x 个整数周期进行测量，分别由计数器 1 对被测信号进行计数，计数器 2 对标准时钟进行计数 T_x，然后由微处理器进行数据处理。

计算公式如下：

频率：$F_x = N_x / T_x$，$P_x = T_x / N_x$。

由于本仪器的标准时钟为 10 MHz，则每个时钟脉冲周期为 100 ns，所以 T_x 的累计误数为 100 ns，则频率测量的测量精度为 100 ns/$T_x \cdot F_x$。

3) 使用说明

(1) 使用前的准备：电源要求 AC220 V±10%，250 Hz 单相，最大消耗功率 10 W，测试前预热 20 分钟使晶体振荡器的频率保持稳定。

(2) 开关按钮功能说明：

① “POWER”电源开关。按下按钮电源打开，仪器进入工作状态，释放则关闭整机电源。

② “REST”复位键。按下按钮显示全部复位清零。

③ “FA”A 通道频率测量选择键。按钮按下并且选择闸门时间键按下，就可从 A 通道进行频率测量了。

④ “PERA”A 通道周期测量选择键。按钮按下并且选择闸门时间键按下，就可从 A 通道进行周期测量了。

⑤ “FB”B 通道频率测量选择键。B 通道只能进行频率测量。按钮按下并且选择闸门时间键按下，就可从 B 通道进行频率测量了。

⑥ “TOTA”计数功能键。计数时只能对 A 通道进行计数。计数键按下后，计数器开始计数，并将计数结果实时显示出来。按下 HOLD 键(保持功能键)计数显示将保持不变，此时计数器仍在计数。释放 HOLD 键后计数显示则与计数同步。当计数功能键释放时计数显示将保持，再次按下计数功能键计数器将清零并从零开始计数。

⑦ “HOLD”保持功能键。按钮按下后仪器将锁定在当前的工作状态，显示也将保持不变。按钮释放后仪器进入正常工作状态。

⑧ “0.01s”闸门时间“0.01s”选择键。按钮按下测量结果将显示六位。

⑨ “0.1s’’闸门时间 0.1s 选择键。按钮按下测量结果将显示七位。

⑩ “1s”闸门时间 1s 选择键。按钮按下测量结果将显示八位。

⑪ “×20”衰减功能键。此按钮只在 A 通道测量时使用，按钮按下后输入信号被衰减 20 倍。

⑫ “LPF”低通滤波器。按钮按下，输入信号经低通滤波器进入测量通道。频带为 0～100 kHz 时，使用此键可提高低频测量的准确性和稳定性，提高抗干扰能力。

⑬ A 通道输入端。被测信号频率为 1 Hz～100 MHz 接入此通道进行测量。当输入信号幅度大于 300 mVrms 时，应按下衰减开关 ATT，降低输入信号的幅度能提高测量值的精确度。当信号频率小于 100 kHz，应按下低通滤波器进行测量，可防止叠加在输入信号上的高频信号干扰低频主信号的测量，以提高测量值的精确度。

⑭ B通道输入端。被测信号频率大于100 MHz，接入此通道进行测量。

⑮ “μs”微秒指示灯。周期测量时自动点亮。

⑯ “Hz”赫兹指示灯。频率测量时被频率<1 kHz则自动点亮。

⑰ “kHz”千赫兹指示灯。频率测量时被测频率<1 MHz且>1 kHz则自动点亮。

⑱ “MHz”兆赫兹指示灯。频率测量时被测频率>1 MHz则自动点亮。

⑲ 数据显示窗口。测量结果通过此窗口显示。

⑳ “G”闸门指示灯。指示仪器的工作状态，灯亮表示仪器正在测量，灯灭表示测量结束，等待下次测量。(注：灯亮时窗口显示的数据为前次测量的结果，灯灭后，新的测量数据处理后将被立即送往显示窗口进行显示。)

㉑ “OF”溢出指示灯。在进行计数测量时，显示超出八位时溢出灯亮。

(3) 频率测量：

(a) 根据所需测量信号的频率大致范围选择A通道或B通道进行测量。同时将相应的按键“FA”或“FB”按下。

(b) A通道测量时，根据输入信号的幅度大小决定衰减按键置×1或×20位置。输入幅度大于300 mVrms，衰减开关应置×20位置。

(c) A通道测量时，根据输入信号频率的高低决定低通滤波器按键是否按下。输入信号频率低于100 kHz时，低通滤波器按键应按下。

(d) 根据所需的分辨率选择适当的闸门时间(0.01s、0.1s或1s)。闸门预选时间越长，分辨率越高。

(4) 周期测量：

(a) 输入信号送入A通道并将功能键“PERA”按下。

(b) 根据输入信号频率高低和信号幅度大小，决定低通滤波器和衰减器按键是否按下。具体操作参见频率测量中(b)和(c)。

(c) 根据所需的分辨率选择适当的闸门时间(0.01s、0.1s或1s)。闸门时间越长则分辨率越高。

(5) 累计计数：

(a) 将输入信号接入A通道，功能键“TOTA”按下。此时闸门指示灯亮，表示计数控制门已打开，计数开始。

(b) 根据输入信号频率高低和信号幅度大小，决定低通滤波器和衰减器按键是否按下。具体操作参见频率测量中(b)和(c)。

(c) “TOTA”，键释放后，计数控制门将关闭，计数停止。

(d) 当计数值超过10^8～1后，溢出指示灯将自动点亮，表示计数器已满，显示已溢出，而显示的数值为计数器的累计尾数。

三、常用电子仪器

1. 示波器

示波器是一种观测电信号波形的电子仪器。利用示波器可进行交直流电压、周期性信号波形的周期或频率、脉冲波的脉冲宽度、同频率正弦信号的相位差等各种电参数的测量。借助于传感器，将非电量转换为电量，还可以观测温度、压力、转速、位移等随时间的变化过程。由于示波器具有多种测量试功能，且显示波形直观，因而成为电气测量及电子测量中不可缺少的一种观测仪器。

1）示波器显示被测信号波形的原理

（1）示波管。

示波管亦称为阴极射线管，是示波器的心脏。示波管的作用是将被测电压变换成发光的图形。示波管由电子枪、偏转系统和荧光屏这三部分组成，它们被密封在抽成接近真空的玻璃管内，其结构示意图如图A-25所示。图中管壳外部分是供电电路示意图。电子枪的作用是发射一束很细的高速电子流。它包括灯丝、阴极、控制栅极、第一阳极和第二阳极(有的示波管还有前加速阳极)。阴极由灯丝加热后发射电子，电子受到第一阳极正电压的吸引，穿过栅极中心的小孔形成很细的电子束。栅极电位相对于阴极为负，调节栅极电压可控制电子流的大小。穿过栅极小孔的电子束被高于阴极300 V～500 V的第一阳极加速。第一阳极是中间有小孔的圆筒状电极，电子束穿过该电极的中心孔，经第二阳极(电位高于阴极一千伏)再次被加速。这样打在荧光屏上的电子就有足够的能量在荧光屏上形成光点。当阳极电压一定时，光点的亮度取决于电子速的密度。当栅极电位相对于阴极电位负得不多时，可得到较强的电子束，荧光屏上的光点就亮，栅极电位越负，光点越暗，当栅极电位负到一定程度时，荧光屏上无光点。而调节辉度电位器就可以改变栅极的电位，从而改变荧光屏上波形光点的亮度。为了保证荧光屏上的光点很小，以便得到清晰的图形，电子束要维持很细，这时可利用聚焦电位器来改变第一阳极和第二阳极之间的相对电位形成的电场，把企图散开的电子束聚集成很细的电偏转板由垂直偏转板 Y_1-Y_2 和水平偏转板 X_1-X_2 两对极板组成。电子束自电子枪射出后，进入由上述两偏转板形成的偏转区在这一区域内，电子速霉到加于两对偏转板上的电压所形成的电场的影响，可以向水平(X轴)和垂直(Y轴)方向偏转，偏转的大小与每对极板间所加电压成正比，人们正是利用这一特性而利用示波器测量的。

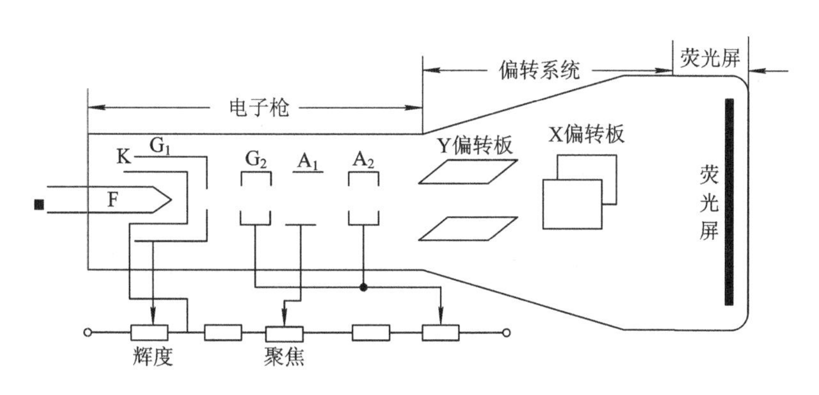

图A-25 示波管的结构

荧光屏在示波管的一端，一般为圆形曲面或矩形曲面，其内壁涂有一层荧光物质，形成荧光膜。它在受到高速运动的电子轰击后，将其动能转化为光能，形成光点当电子束随信号电压偏转时，这个光点也跟随移动。

当电子束从荧光屏上某点移开后，其光点的亮度从最大值下降为最大值的10%所延续的时间称为余辉时间。根据余辉时间的长短可分为：极短余辉（小于 10^{-1} s）、短余辉（10 μs～1 ms）、中余辉（1 ms～0.1 s）、长途辉（0.1 s～1 s）和极长余辉（大于 1 s）。

不同频带宽度的示波器，采用不同余辉的示波管，例如高频示波器宜用短余辉管，普通示波器宜用中余辉管，慢扫描示波器宜用长余辉管。

不同荧光物质在电子束轰击下可以产生不同时间的余辉，同时，发光的颜色也不同。普通示波器多为绿色，高频示波器多为蓝色和紫色，低频示波器多为黄色。

（2）波形显示原理。

电子束进入偏转系统后，要受到 X、Y 两对偏转极板电场力的控制作用，其作用情况有以下几种：

（a）如果两对极板不加任何电压，则光点出现在荧光屏的中心位置，不产生任何偏转。

（b）如果 X 偏转板不加信号，Y 偏转板加上一个随时间变化的交流信号 $u_Y = U_{rm} \sin\omega t$，则光点仅在垂直方向随交流电压 u 的变化而偏转，光点的轨迹为一条直线，其长度正比于 u_Y 的峰-峰值。如果将 X、Y 偏转板信号对换，则荧光屏上显示一条水平线。如图 A-26(a)、(b)所示。

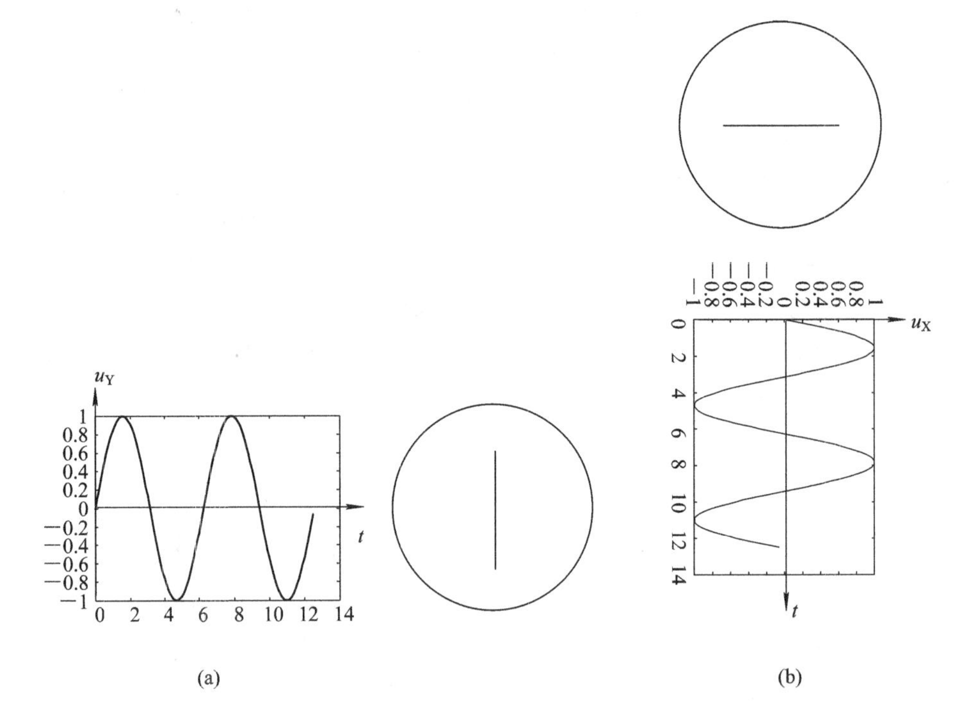

图 A-26 仅在一对偏转板加信号的显示

（c）如果同时在两对偏转板上加同一交流电压 $u_X = u_Y = U_m \sin\omega t$，则电子束要同时受到两对偏转极板的电场力的作用，合成作用的结果，使其运动轨迹为一条斜线，如图 A-27(a)所示。如果两对偏转极板为同频率的正弦信号，但初相不同，则合成作用的结果为一椭园，即所谓的“李沙育图形”。

（d）如果 Y 偏转板上加交流电压 u_Y，在 X 偏转板上加一个与 u_Y 周期相同 $T_X = T_Y$ 的理想锯齿波电压，则光点在垂直方向移动的同时，沿水平方向作等速运动，合成运动的结果，即在屏幕上显示 u_Y 随时间变化的波形，如图 A-27(b)所示。

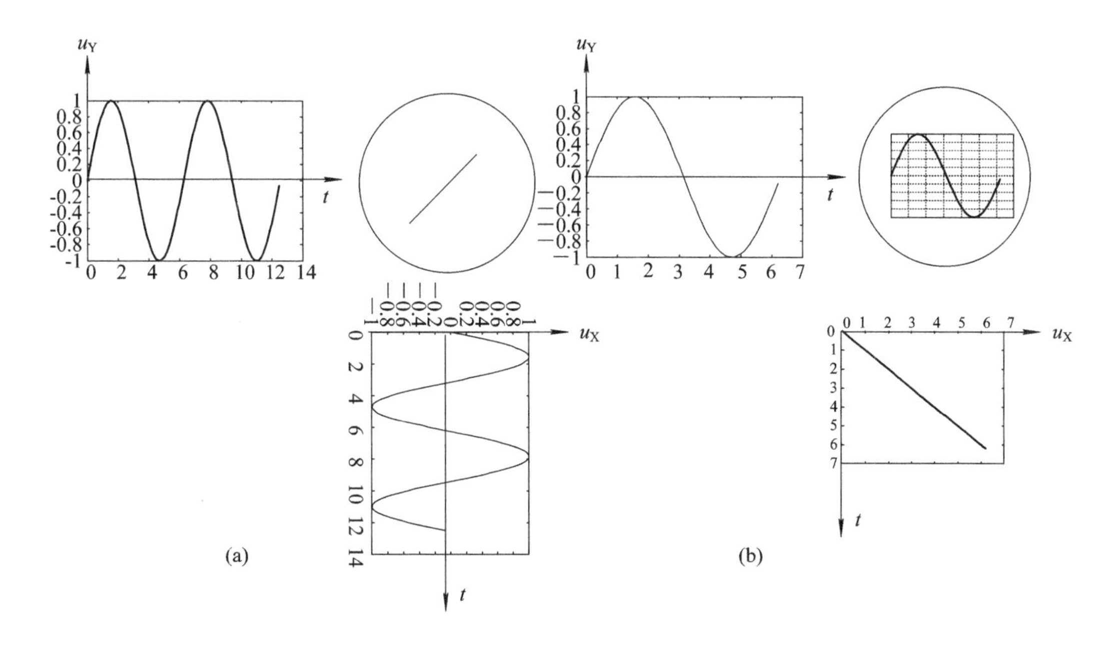

图A-27　二对偏转板加信号的显示

在上述第四种情形中，X偏转板上所加的锯齿波电压u_X称为扫描电压。为了清楚地观察与定量测试，屏幕上的图形应稳定不动，这就要求扫描电压u_X的周期T_X应为被测电压信号u_Y周期T_Y的整数倍，即

$$T_X = nT_Y$$

式中，$n= 1, 2, 3, \cdots$为正整数。这样就能使每个扫描周期所显示的信号在荧光屏上完全重合。如果T_X不为T_Y的整数倍，则每次显示的波形不重叠，这样看起来，图形好像在向一边跑动，这样就不利于观察。

为了使扫描电压的周期T_X为被测信号u_Y周期T_Y的整数，需要利用u_Y(或与u_Y相关的其他信号)来控制扫描电压发生器的周期，这个过程就称为同步。

示波器内扫描的方式很多，上述的扫描方式称为线性时基扫描，除此之外，还有圆扫描、对数扫描等，而使用最广的是线性时基扫描。线性时基扫描又分为连续扫描和触发扫描。

连续扫描时，扫描电压为周期性的锯齿波电压。其特点是产生扫描电压的发生器是连续工作的。连续扫描适合于观察周期性信号。前面介绍的扫描方式即为连续扫描。触发扫描时，当有外加输入信号(称为触发信号)，扫描发生器才能工作，当无触发信号时，X极板便无偏转电压。触发扫描特别适于观测持续时间与重复周期比很小的脉冲信号波形，也可以观测连续周期信号。

2）示波器的工作原理

(1) 示波器的结构。

其结构方框图如图A-28所示。从功能上说，它可分为Y放大器、X放大器、触发同步、示波管、电源等六个部分。

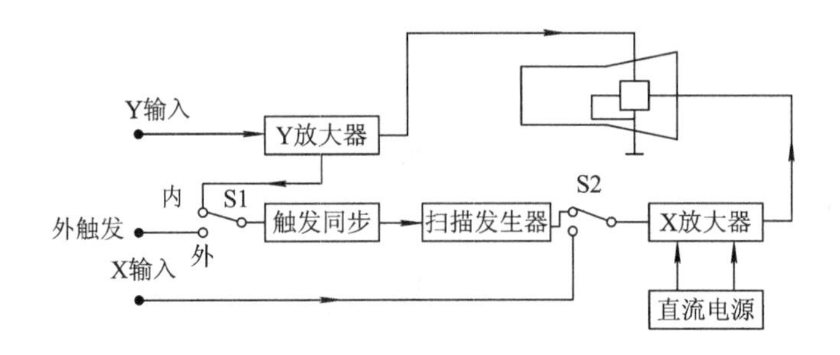

图 A-28　示波器的结构方框图

(2) 示波器的垂直系统(Y 通道)。

示波器的垂直系统由输入电路，前后置放大电路和延迟线等部分组成，其方框图如图 A-29 所示。

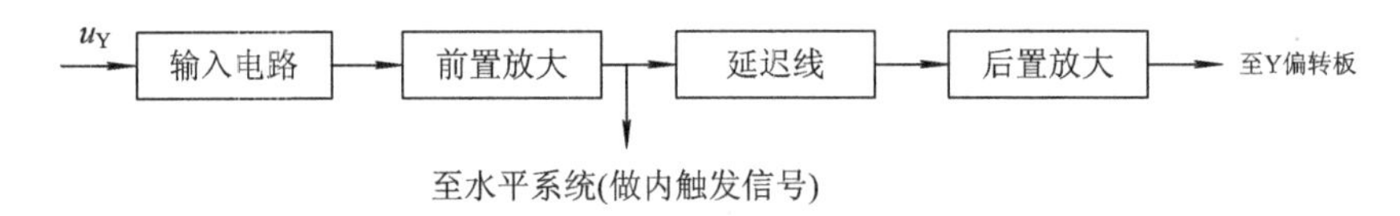

图 A-29　Y 通道组成方框图

输入电路由探头、耦合方式选择开关，衰减器和阻抗变换-倒相器等组成。

探头的作用是便于直接探测被测信号，提高示波器的输入阻抗，减少波形失真及拓宽示波器的使用频带等。

耦合方式选择分为交流(AC)和直流(DC)两挡，当被测信号频率较低时，可选择 DC 挡，信号频率很高时，选择 AC 挡。当选择交流挡时，输入通道接有耦合电容，可以阻断直流，大大衰减低频信号。

衰减电路的作用是：在测量幅度较大的信号时，先经衰减再输入，以使屏幕上的波形不失真。衰减电路由示波器面板上的灵敏度粗调旋扭控制。

延迟线的作用是使扫描信号和被测信号精确同步。因为采用内触发扫描时，扫描电压是由 Y 通道被测信号 u_Y 去启动扫描发生器后产生的，而扫描电路需有一定的“触发电平”值才能启动，被测信号又有一定的上升时间，这样，从接受触发信号到开始扫描有一段延迟时间，因此，屏幕上不能显示被测信号的起始部分。为克服上述缺点，在 Y 通道设置延迟线，以使被则信号经过一段时间延迟后再送至 Y 偏转板，这时屏幕上可以显示出完整的被测信号波形。

Y 通道的前置放大电路和后置放大电路通常采用带有高频补偿网络的多级差动负反馈电路，以使得在较宽的频率范围内增益稳定。放大器的输出级采用差动电路，可使其在偏转板上的电压对称，并有利于提高共模抑制比。

(3) 示波器的水平系统(X 通道)。

水平系统的主要作用是：产生线性扫描电压，并加至 X 偏转板；保持扫描电压与 Y 通道输入电压之间的同步关系，以确保显示波形的稳定；放大扫描电压或外接电压。此外，为扩大示波器的功能，水平系统中的触发电路具有多种控制方式，如具有触发电平调节、触发极性转换、触发源选择、触发方式选择、扫描扩展等。

水平系统由触发电路，扫描电路、X 轴放大器等部分组成。触发电路包括输入耦合电路、触发输入放大器、触发整形电路等，它的作用是提供一触发脉冲去启动扫描。这部分电路有以下几部分控制方式：

(a) 触发源选择。触发源有以下三种：内触发，触发信号来自垂直系统；外触发，用外接信号作触发信号；电源触发，触发源是 50 Hz 工频交流。

(b) 触发极性选择。分为正极性触发和负极性触发，前者沿触发信号上升沿触发，后者沿触发信号下降沿触发。其实质是按触发信号斜率触发。

(c) 耦合方式选择。可分为 DC(直流)、AC(交流)、LFREJ(低频抑制)、HFREJ(高频抑制)几种。

(d) 触发方式选择。触发方式通常有常态、自动和高频三种。

扫描电路亦称时基电路(或称扫描发生器环)，其功能是产生幅度稳定、能与被测信号同步的线性时基扫描电压，以便获得长度稳定的时间基线。扫描电路一般由积分器、扫描门和释抑电路组成。

X 轴放大电路的作用是选择 X 轴信号并放大使得电子束的水平方向得到满偏转。当 X 轴放大器的输入开关置于“内”时，X 轴信号为示波器内部产生的扫描电压，此时屏幕上显示时间函数的波形，称为“Y－t”工作状态；而开关置于“外”时，X 轴信号为加至示波器的外接信号电压，此时屏幕上显示 X－Y 图形，称为“X－Y”工作状态。若调整 X 轴放大器的放大量，使之成为原来的 K 倍，则意味着屏幕上同样长短的水平距离所代表的时间缩小为原来的 1/K，习惯上称之为扫描扩展。

X 轴放大器的工作原理和 Y 轴放大器相类似，一般为宽频带多级直接耦合放大器。

(4) 多波形显示原理。

如果能够在一个屏幕上显示几个信号波形(即多波形显示)，就能方便地进行信号之间的比较。例如，比较电路中某几点之间信号的幅度、相位等关系。实现多波形显示的方法有多线显示和多踪显示。

(a) 多线显示。利用由多束示波管构成的多线示波器可以实现多线显示。这种示波器的水平是共同的，但由手多束示波管有两个(或两个以上)相互独立的电子枪偏转系统，因而必须在示波器内设置与之对应的两个(或两个以上)相互独立，而性能相同的垂直放大系统。这样，各信号之间的交叉干扰小，便于单独调节每个波形在荧光屏上的辉度、聚焦、位移和垂直幅度，可以观测同一时刻出现的两个瞬变信号，适于显示非周期信号的波形，波形图像清晰而无间断现象，从而做到“实时显示”。但是，多束示波管制造工艺要求较高、价格较贵、电路复杂，从而限制了它的普及应用。

(b) 多踪显示。利用多踪示波器可以实现多踪显示。多踪示波器与多线示波器不同，它的组成与普通单线示波器类似，只不过在电路中加了一个(或几个)电子开关，并具有两个(或多个)垂直输入通道。双踪示波器 Y 通道的电子开关在不同的时间里，分别把两个垂直输入通道的信号轮流地送入 Y 放大器后加至 Y 偏转板，因而可在屏幕上显示多个信号波形。

屏幕上显示的两信号波形，实际上以同一扫描作为时基。但触发同步电路在某一时刻只能接受一路被测信号的作用。因此，要使每一个信号波形都能得到稳定的显示，必须保证各个信号是相关的，即各信号在频率上具有整数倍关系。这个要求在实际工程中一般是容易得到满足的。

双踪示波器一般有五种显示方式：Y_A、Y_B、$Y_A \pm Y_B$、交替和断续。Y_A、Y_B方式与普通示波器相同，只显示一个被测信号。$Y_A \pm Y_B$显示的波形为两信号的和或差。这三种显示均为单踪显示。交替和断续均为双踪显示。当电子开关的转换频率低于被测信号频率时，采用交替显示方式，交替方式是每一次扫描电子开关只接通一个门。这样，第一次扫描时，电子开关使 A 门接通，显示 A 通道信号 u_A，第二次扫描时，显示 B 通道信号 u_B由于交替转换频率较高，加之荧光屏有余辉时间及人眼有视觉滞留效应，因而人们感觉到屏幕上同时显示出两个信号波形。当电子开关转换频率远大于被测信号频率时，采用断续显示方式。这时被测的两个信号被分别分成很多小段轮流显示，开关转换频率远大于被测信号频率时，间断的亮点靠得很近，人眼看到的波形就好像是连续的了。断续方式适用于被测信号频率较低的场合。

3）示波器面板上各旋钮开关的作用

一般常见的双踪示波器面板布局如图 A－30 所示，面板上开关、旋钮功能介绍如下。

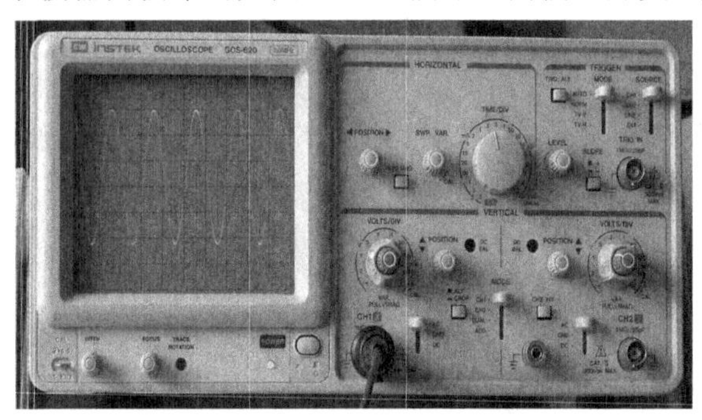

图 A－30　示波器面板布局图

(1) 示波管电路。

① 电源开关 ON/OFF：核对电源电压，电源开关放在 OFF 挡，把电源线插进电源插座，电源开关是按钮开关，若开关按下，电源打开，开关松开，电源断开。

② 电源指示灯：当电源打开，指示灯亮。

③ 亮度旋钮：若顺时针转，亮度增亮，在接电源之前，反时针转到底。

④ 聚焦旋钮：操作亮度旋钮，把亮度调到适当的水平，调聚焦旋钮直到光迹线最清晰，尽管聚焦是自动的，有时可能有轻微偏差，如出现可调此装备。

⑤ 光标转动调节器：由于地磁场影响使光迹线与水平标度线成倾斜现象。此旋钮用来调整，使二者相互平行。

⑥ 刻度亮度旋钮：此用来调节屏的照明亮度，此旋钮若顺时针转，亮度增加，这个特点适用于黑暗处操作或拍摄图片时。

⑦ 保险丝座电源转换器(后面板)：选择供示波器的电源。

⑧ 交流插座(后面板)：电源线连接器。

(2) 垂直偏转系统。

① CH1 输入连接器：这是一个垂直输入用的 BNC 连接器，当用作 X－Y 示波器时，X 信号通过此端输入。

② CH2 输入连接器：同 CH1，当用作 X－Y 示波器时，Y 信号通过此端输入。

③ AC-GND-DC 开关：选择包括输入信号和垂直轴放大器的组合系统。

AC：通过电容器连接，输入信号中的直流分量被隔断，仅显示交流成分。

GND：垂直轴放大器的输入是接地的。

DC：直接输入，输入信号包括直流电流如原来情况。

④ VOLTS/DIV 转换开关：这是一级把垂直轴转换为垂直偏转灵敏度的衰减器，量程根据输入信号大小，放在最易观察的电平处。

假如使用 10∶1 探头，按 10 倍计算信号。

⑤ 垂直轴方向灵敏度调节旋钮：这些是用来改变垂直轴方向灵敏度的微调装置，若旋钮自始至终处在与箭头相反方向，灵敏度降低并低于 1/2.5，此旋钮用来测量 2 个参数，波形的比较和方波上升时间的测量，但正常情况旋钮自始至终在箭头方向。

⑥ ×5 MAG(×10 MAG)：若按钮开关×5 MAG 被按下，垂直轴增益放大 5(10)倍。

⑦ 上、下移动按钮：用来使扫描线在屏上上、下移动。

⑧ INV 倒向按钮：此位置功能与用于 CH1 的位置是相关的，若按钮被按下，输入到 CH2 信号是相反的，当比较不同极性的两个波形时，用此按钮很方便，或当 CH1 和 CH2 之间信号有差别的波形用 ADD 来测量时。

⑨ 显示方式转换按钮：选择垂直轴工作方式。

CH1：只是将加到 CH1 上的信号显示在屏上。

CH2：只是将加到 CH2 上的信号显示在屏上。

DUAL：CH1 和 CH2 的垂直放大器是通过 CHOP 和 ALT 开关转换为 2 通道示波器。当观察 2 通道波形时如果扫描时间滞后可采用。

ADD：加到 CH1 和 CH2 输入信号的对数效应和信号差显示在屏上。

⑩ CH1 输出连接器(后面板)：信号输出用于频率计数器的信号输出端，CH1 的输入信号输入约 20 mV/DIV 的幅度(当采用 50 Ω 时)。

(3) 水平偏转系统。

① TIME/DIV 转换开关：用来改变扫描时间 0.1 μs/DIV～0.2 s/DIV(20 挡)，使用 X，Y 是当仪器用作 X，Y 示波器时。输入 X 信号到 CH1，Y 信号到 CH2。此时，垂直轴偏转灵敏度作为 CH2 VOLTS/DIV，垂直轴灵敏度作为 CH1 VOLTS/DIV。

用 CH2 位置钮调垂直位置，用水平位置钮调水平位置。

② 扫描周期微调旋钮：如果此旋钮在箭头方向，扫描成为 CAL 并校正到 TIME/DIV 指示值。如果此旋钮反时针转，扫描延迟成为低于 1/2.5。

③ 位置钮：按×10 MAG(按×5 MAG)。扫描线可能被移向垂直方向，当测量波形时间时，此项必须使用。水平位置旋钮向右转，扫描线移向右边，而旋钮转向左边，扫描线移向左边。若按下按×10 MAG(按×5MAG)钮，扫描将放大 10 倍(5 倍)，在中心处观察到的波形是向左右放大的。此时扫描时间将是由 TIME/DIV 得到的扫描速度的 10 倍(5 倍)，即读数是扫描时间指示的 1/10(1/5)。

④ ALTMAG 钮：按下该钮，加到 CH 的输入信号，被转换成交替放大×1 波形和×10(×5)波形同时显示屏上。

(4) 触发控制。

① 同步源转换开关，选择扫描同步信号源。

INT：CH1 或 CH2 的输入信号成为同步信号。

CH1：CH1 的输入信号成为同步信号。

CH2：CH2 的输入信号成为同步信号。

LINE：电源频率成为同步信号源。

EXT：外同步信号加到 TRIG 电路成为同步信号。当同步信号作为特别信号与垂直轴信号分开。

② 外触发输入连接器：对外同步扫描信号输入端。

③ 触发电平钮：此钮调节触发电平并确定从波形的哪部分开始扫描。

④ 触发方式转换开关：

AUTO：扫描由自动同步扫描连续进行。如果有同步信号，正常扫描结果和波形被同步；若没有信号或信号没有被同步，扫描线自动出现。

NORM：只有当同步扫描已设置和有同步作用时，扫描才进行。若没有信号或信号没有被同步，扫描线将不出现。当同步置于低频信号(低于 25 Hz)时也使用此开关。

TV－H(行)：只有 Trig 方式放到 TV－H 时才用(H 同步)。

TV－V(帧)：TRIG 方式放到 TV－V 时，才起作用，并当 TV 信号的垂直信号已被同步时才使用。

(注) TV－V 和 TV－H 只有当同步信号是(－)时才被同步。

⑤ 斜率按钮：斜率转换可用按钮控制。

(5) Z－连接器(后面板)：这是一个亮度调制输入端，由于整个 DC 系统，(＋)信号减少亮度，而(－)信号增加亮度。

(6) CAL(校正)0.5 V 端：这是一个校正用约 1 kHz、2 V_{p-p}矩形波输出端，由于安装了 CAL 端，用来校正探头。

(7) GND 端：这是一个接地端。

2. 晶体管毫伏表

DF2173B 晶体管毫伏表是用来测量 mV 和 V 级的正弦交流电压表。它具有输入阻抗高、频带宽、测量电压范围广的特点。电表指示值为正弦波有效值。图 A－31 为 DF2173B 晶体管毫伏表。

图 A－31　DF2173B 晶体管毫伏表

1）技术指标

(1) 电压测量范围：100 μV～300 V。

(2) 电压刻度：1/3/10/30/100/300 mV，1/3/10/30/100/300 V。

(3) dB刻度：−60～+50 dB(0 dB=1 V)。

(4) 电压测量工作误差：≤5%满刻度(400 Hz)。

(5) 频率响应：100 Hz～100 kHz±5%，10 Hz～1 MHz±8%。

(6) 输入阻抗：1 MΩ/45 pF。

(7) 最大输入电压：不得大于AC450 V。

(8) 噪声：输入端良好短路时，低于满刻度值的5%。

(9) 电源：220 V±10%，50±2 Hz。

2）工作原理

仪器由输入保护电路、前置放大器、衰减控制器、放大器、表头指示放大电路、监视输出放大器及电源组成。当输入电压过大时，输入保护电路工作，有效地保护了场效应管。衰减控制器用来控制各挡衰减的开通，使仪器在各量程挡均能高精度地工作。监视输出功能可使本仪器作放大器作用。直流电坟由集成稳压器产生。

3）仪器面板元件

(1) 仪器各作用件功能

① 表头。

② 机械零位调整。

③ 量程开关。

④ 通道输入。

⑤ 电源开关。

⑥ 电源指示灯。

⑦ 监视输出端。

⑧ 保险丝座。

⑨ 电源线(或电源插座)。

⑩ 接地端。

(2) 仪器操作使用

① 通电前，先调整电表指针的机械零位。

② 接通电源，按下电源开关，发光二级管灯亮表明仪器立刻工作。但为了保证性能稳定可预热10分钟后使用，开机后10秒钟内指针无规则摆数次是正常的。

③ 先将量程开关置于适当量程，再加入测量信号。若测量电压未知，应将量程开关置最大挡，然后逐级减小量程。

④ 当输入电压在任何一量程挡指示为满刻度值时，监视输出端的输出电压为0.1 Vrms。

⑤ 若要测量高电压时，输入端黑柄鳄鱼夹必须接在“地”端。

3. DFl731SD2A 直流电源

DF1731SD2A 直流稳压电源如图A-32所示。

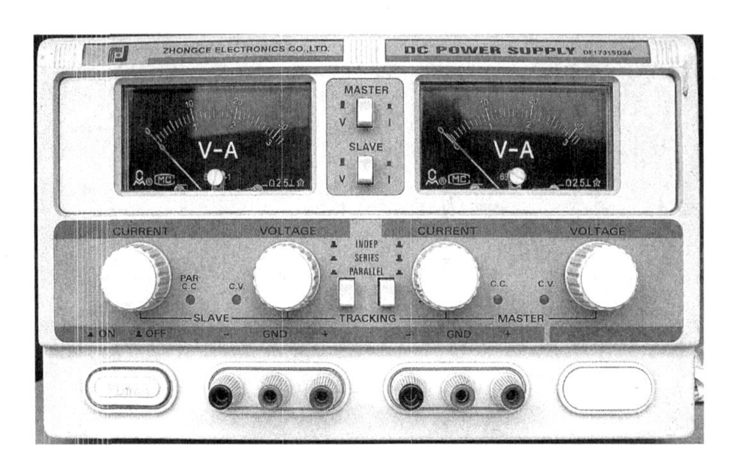

图 A-32　DF1731SD2A 直流稳压电源

1）技术参数

（1）输入电压：AC220 V±10%，50 Hz±2 Hz。

（2）额定输出电压：2×0～30 V。

（3）额定输出电流：2×0～2 A。

（4）电源效应：CV≤1×10^{-4}+0.5 mV；CC≤2×10^{-3}+1 mA。

（5）负载效应：CV≤1×10^{-4}+2 mV；CC≤2×10^{-3}+3 mA。

（6）纹波与噪声：CV≤1 mVrms；CC≤5 mArms。

（7）保护：电流限制保护。

（8）指示表头：电压表和电流表精度 2.5 级。

（9）其他：双路电源可进行串联和并联，串并时可由一路主电源进行输出电压调节，此时从电源输出电压严格跟踪主电源输出电压值。并联稳流时也可由主电源调节稳流输出电流，此时从电源输出电流严格跟踪主电源输出电流值。

2）工作原理

可调电源由整流滤波电路，辅助电源电路，基准电压电路，稳压、稳流比较放大电路，调整电路及稳压稳流取样电路等组成。其方框图如图 A-33 所示。

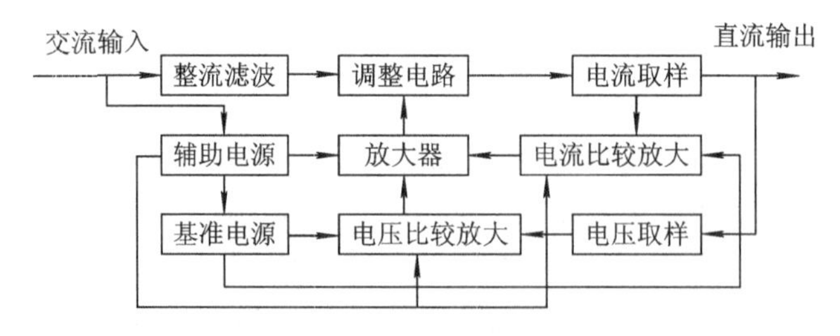

图 A-33　直流稳压电源结构原理框图

当输出电压由电源电压或负载电流变化引起变动时，则变动的信号经稳压取样电路与基准电压相比较，其所得误差信号经比较放大器放大后，经放大电路控制调整管使输出电压调整为给定值。因为比较放大器由集成运算放大器组成，增益很高，因此输出端有微小的电压变动，也能得到调整，以达到高稳定输出的目的。

稳流调节与稳压调节基本一样，同样具有高稳定性。

3）面板各元件的作用

（1）电表：指示主路输出电压、电流值。

（2）主路输出指示选择开关：选择主路的输出电压或电流值。

（3）从路输出指示选择开关：选择从路的输出电压或电流值。

（4）电表：指示从路输出电压、电流值。

（5）从路稳压输出电压调节旋钮：调节从路输出电压值。

（6）从路稳流输出电流调节旋钮：调节从路输出电流值(即限流保护点调节)。

（7）电源开关：当此电源开关被置于“ON”时(即开关被按下时)，机器处于“开”状态，此时稳压指标灯亮或稳流指示灯亮。反之，机器处于“关”状态(即开关弹起时)。

（8）从路稳流状态或二路电源并联状态指示灯：当从路电源处于稳流工作状态时或二路电源处于并联状态时，此指示灯亮。

（9）从路直流输出负接线柱：输出电压的负极，接负载负端。

（10）机壳接地端：机壳接大地。

（11）从路直流输出正接线柱：输出电压的正极，接负载正端。

（12）二路电源独立、串联、并联控制开关。

（13）主路直流输出负接线柱：输比电压的负极，接负载负端。

（14）主路直流输出正接线柱：输出电压的正极，接负载正端。

（15）主路稳流状态指示灯：当主路电源处于稳流工作状态时，此指示灯亮。

（16）主路稳压状态指示灯：当主路电源处于稳压工作状态时，此指示灯亮。

（17）主路稳流输出电流调节旋钮：调节主路输出电流值(即限流保护点调节)。

（18）主路稳压输出电压调节旋钮：调节主路输出电压值。

4）操作使用

（1）双路可调电源独立使用。

（a）将工作方式开关选择在 INDEP 位置，电源工作在独立输出方式。

（b）可调电源作为稳压源使用时，首先应将稳流调节旋钮顺时针调节到最大，然后打开电源开关，并调节电压调节旋钮，使从路和主路输出直流电压至需要的电压值，此时稳压状态指示灯发光。

（c）可调电源作为稳流源使用时，在打开电源开关后，先将稳压调节旋钮顺时针调节到最大，同时将稳流调节旋钮反时针调节到最小，然后接上所需负载，再顺时针调节稳流调节旋钮，使输出电流至所需要的稳定电流值。此时稳压状态指示灯熄灭，稳流状态指示灯发光。

在作为稳压源使用时，稳流电流调节旋钮一般应调至最大，但是本电源也可以任意设定限流保护点。设定办法为：打开电源，反时针将稳流调节旋钮调到最小，然后短接输出正、负输出端子，并顺时针调节稳流调节旋钮，使输出电流等于所要求的限流保护点的电流值，此时限流保护点就被设定好了。

（2）双路可调电源串联使用。

（a）将工作方式开关选择在 SERIES 位置，电源工作在串联输出方式，两路输出自动在电源内部串接。此时调节主电源电压调节旋钮，从路的输出电压将严格跟踪主路输出电压，使输出电压最高可达两路电压的额定值之和。

（b）在两路电源串联以前，应先检查主路和从路电源的负端是否有连接片与接地端相连，如有则应将其断开，不然在两路电源串联时将造成从路电源的短路。

(c) 在两路电源处于串联状态时，两路的输出电压由主路控制，但是两路的电流调节仍然是独立的。因此在两路串联时应注意电流调节旋钮的位置，如旋钮在反时针到底的位置或从路输出电流超过限流保护点，此时从路的输出电压将不再跟踪主路的输出电压。所以一般两路串联时应将电流调节旋钮顺时针旋到最大。

(d) 在两路电源串联时，如有功率输出，则需要与输出功率相对应的导线将主路的负端和从路的正端可靠短接。因为机器内部是通过一个开关短接的，所以当有功率输出时短接开关将通过输出电流。长此下去将不利于提高整机的可靠性。

(3) 双路可调电源并联使用。

(a) 将工作方式开关选择在 PARALLEL 位置，电源工作在并联输出方式，两路输出自动在电源内部并接。此时调节主电源电压调节旋钮，从路的输出电压将严格跟踪主路输出电压，使输出电流最高可达两路电流的额定值之和。

(b) 在两路电源处于并联状态时，从路电源的稳流调节旋钮不起作用。当电源做稳流源使用时，只需调节主路的稳流调节旋钮，此时主、从路的输出电流均受其控制并相同，其输出电流最大可达二路输出电流之和。

(c) 在两路电源并联时，如有功率输出，则应该与输出功率对应的导线分别将主、从电源的正端和正端、负端和负端可靠短接，以使负载可靠地接在两路输出的输出端子上。不然，如将负载只接在一路有源的输出端子，将有可能造成两路电源输出电流的不平衡，同时也可能造成串并联开关的损坏。

5) 注意事项

两路可调电源具有限流保护功能，由于电路中设置了调整管功率损耗控制电路，因此当输出发生短路现象时，大功率调整管上的功率损耗并不是很大，完全不会对本电源造成任何损坏。但是短路时本电源仍有功率损耗，为了减少不必要的机器老化和能源消耗，所以应尽早发现并关掉电源，将故障排除。

4. TFG6000A 函数/任意波形发生器

图 A-34 为 TFG6000A 函数/任意波形发生器。

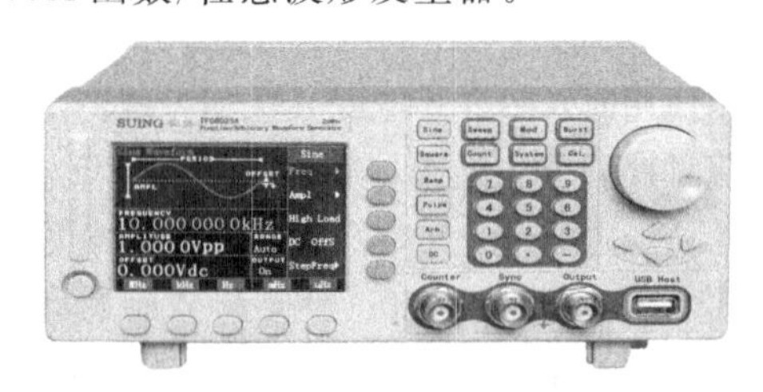

图 A-34 TFG6000A 函数/任意波形发生器

1) 主要功能特性

(1) 采用直接数字合成技术，频率精度 20 ppm，分辨率：1 μHz。

(2) 5 种内置任意波形，5 种自制波形，可用计算机下载或键盘编辑。

(3) 具有 FM、AM、PM、PWM、FSK 多种调制功能。

(4) 具有频率扫描、幅度扫描、脉冲串输出功能。

(5) 脉冲波形可以设置脉冲宽度、占空比、边沿时间。

(6) “3.5”彩色 TFT 液晶显示，清晰美观，中英文菜单。

(7) 200 MHz 计数器，可测频率，周期，脉宽，占空比，脉冲计数。

(8) 标准配置 USB 主机接口、USB 设备接口、RS232 接口。

(9) 机箱尺寸：254 mm×103 mm×384 mm 。

(10) 重量：2.9 kg 。

2) 主要技术特性

(1) 频率范围(正弦)：1 μHz～15 MHz；1 μHz～25 MHz；1 μHz～35 MHz。

(2) 波形，标准波形：正弦波、方波、斜波、脉冲波、三角波。

任意波形：固定波形 5 种，指数、对数、$\sin(x)/x$、噪声等。自制波形 5 种，心电波、阶梯波等。

波形长度：3～8K 点。

振幅分辨率：14 位(包括符号)。

采样率：100 MS_a/s。

非易失性存储器：10 个 8K 波形。

(3) 频率特性。

范围：1 μHz～35 MHz(正弦波)；

分辨力：1 μHz(9 位数字)；

准确度：±20 ppm(18℃～28℃)正弦波频谱纯度；

谐波失真(1 V_{pp})：－50 dBc～－40 dBc；

寄生信号(非谐波)：－70 dBc～－60 dBc；

总谐波失真(20 V_{pp}；DC～20 kHz)≤0.2%。

(4) 非正弦波特性。

① 方波：

边沿时间：20 ns～100 ns。

② 斜波：

对称度：0.0%～100.0%；

线性度：≤峰值输出的 0.1%。

③ 脉冲波：

占空比：0.1%～99.9%；

脉冲宽度：40 ns～2000 s；

边沿时间：20 ns～100 ns。

④ 任意波：

边沿时间：≥30 ns。

(5) 输出特性：

① 振幅(偏移)：

范围：0～10 V_{pp}(50 Ω)；

分辨率：0.1 mV_{pp}；

偏移(以 50 Ω 端接)：±5 V；

准确度：±(设置值的 1%＋ 幅度的 0.5%)。

② 输出端口：

阻抗：50Ω(开通状态)；>10 MΩ(关闭状态)；

保护：过载自动关闭输出。

③ 脉冲串：

脉冲计数：1～9999991；

起始相位：0°～360°；

重复周期：1 μs～500 s。

④ 扫描：

(a) 频率扫描：

扫描范围：1 μHz～35 MHz；

扫描方式：线性，对数；

扫描方向：正向，反向；

扫描时间：1 ms～500 s。

(b) 幅度扫描：

扫描范围：0～10 V_{pp}(量程 Hold)；

扫描方式：线性；

扫描方向：正向，反向；

扫描时间：1 ms～500 s。

⑤ 触发源：

连续扫描：内部触发；

单次扫描：手动触发，外部触发。

⑥ 同步输出：

输出电平：TTL/CMOS 兼容；

输出阻抗：50 Ω。

附录B　常用电子元件

一、电阻元件

1. 电阻元件简介

电阻，在物理学中表示导体对电流阻碍作用的大小。导体的电阻越大，表示导体对电流的阻碍作用越大。不同的导体，电阻一般不同，电阻是导体本身的一种特性。电阻将会导致电子流通量的变化，电阻越小，电子流通量越大，反之亦然。超导体没有电阻。电阻元件的电阻值大小一般与温度、材料、长度及横截面积有关。衡量电阻受温度影响大小的是温度系数，其定义为温度每升高1℃时电阻值发生变化的百分数。电阻的主要物理特征是变电能为热能，也可说它是一个耗能元件，电流经过它就产生内能。电阻在电路中通常起分压、分流的作用。对信号来说，交流与直流信号都可以通过电阻。图B-1为目前常见的电阻元件。

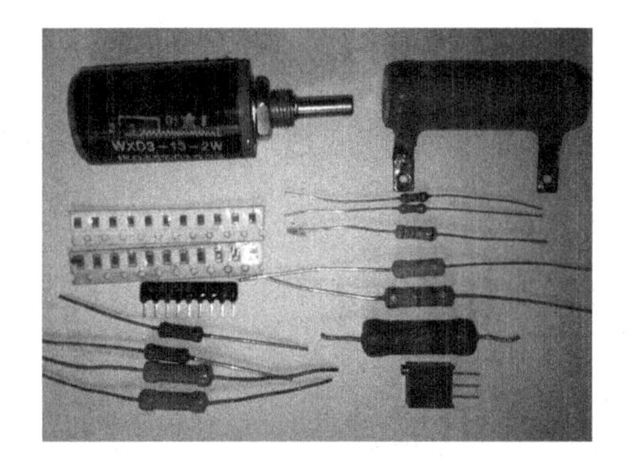

图B-1　常见的电阻元件

2. 电阻的单位

导体的电阻通常用字母R表示。电阻的单位是欧姆(ohm)，简称欧，符号是Ω(希腊字母，读做Omega)，1 Ω=1 V/A。比较大的单位有千欧(kΩ)、兆欧(MΩ)。三者的换算关系是：1 MΩ=1000 kΩ，1 kΩ=1000 Ω。

3. 电阻元件的功率

电阻元件工作时将电能转换成热量。因此，电阻元件的功率参数是其重要的参数，该参数表示该电阻能够长期稳定工作情况下消耗的功率。一般常见的有1/8 W、1/4 W、1/2 W、1 W、2 W、5 W、10 W、20 W、50 W、100 W、200 W等规格。一般功率在10 W以上电阻，需要专门的支架安装固定。在设计电路时还应充分考虑功率电阻发热带来的问题。

4. 电阻元件的参数标识

电阻参数标识有直标法和色环法，这里以四个色环的电阻介绍色环法。

(1) 第一、二环分别代表阻值的前两位数。每种颜色所代表的数为：棕 1，红 2，橙 3，黄 4，绿 5，蓝 6，紫 7，灰 8，白 9，黑 0。

(2) 第三环颜色代表阻值 10 的倍率。整体上可把第三环颜色划分为三个大的等级，即金、黑、棕色是欧姆级的，红、橙、黄色是千欧级的，绿、蓝色则是兆欧级的。这样划分是为了便于记忆。

(3) 当第二环是黑色时，第三环颜色所代表的则是整数，即几、几十、几百 kΩ 等，这是读数时的特殊情况，要注意。例如，第三环是红色，则其阻值即是整几 kΩ。

(4) 第四环颜色代表误差，即金色为 5%，银色为 10%，无色为 20%。

例 1 当四个色环依次是黄、橙、红、金色时，因第三环为红色，则阻值范围是几点几 kΩ 的，按照黄、橙两色分别代表的数“4”和“3”代入，则其读数为 4.3 kΩ。第四环是金色表示误差为 5%。

例 2 当四个色环依次是棕、黑、橙、金色时，因第三环为橙色，第二环又是黑色，阻值应是整几十 kΩ 的，按棕色代表的数“1”代入，读数为 10 kΩ。第四环是金色，其误差为 5%。

5. 电阻元件的分类

根据制造电阻的材料不同，常见的电阻分为碳膜电阻、金属膜电阻、碳质电阻、线绕电阻等。在实际电路设计中应充分了解各种类型电阻的特点。

碳膜电阻：气态碳氢化合物在高温和真空中分解，碳沉积在瓷棒瓷管上，形成一层结晶碳膜。改变碳膜的厚度和用刻槽的方法，可改变碳膜的长度，从而得到不同的阻值。它的特点是成本低、性能一般，目前应用较少。

金属膜电阻：在真空中加热合金，合金蒸发，使瓷棒表面形成一层导电金属膜。刻槽或改变金属膜厚度，可以控制阻值。这种电阻和碳膜电阻相比，体积小、噪声低、稳定性好，但成本较高，目前应用较广泛。

碳质电阻：把碳黑、树脂、黏土等混合物压制后经过热处理制成，在电阻上用色环表示它的阻值。这种电阻成本低，阻值范围宽，但性能差，目前已经很少采用。

线绕电阻：用康铜或者镍铬合金电阻丝在陶瓷骨架上绕制而成。它的特点是工作稳定、耐热性能好、误差范围小，适用于大功率的场合，额定功率一般在 1 W 以上。

二、电容元件

1. 电容元件简介

电容元件是一种表征电路元件储存电荷特性的理想元件，其原始模型是两块金属极板中间用绝缘介质隔开的平板电容器。当在两极板上加上电压后，极板上分别积聚着等量的正负电荷，在两个极板之间产生电场。积聚的电荷愈多，所形成的电场就愈强，电容元件所储存的电场能也就愈大。图 B-2 为常见的电容元件。

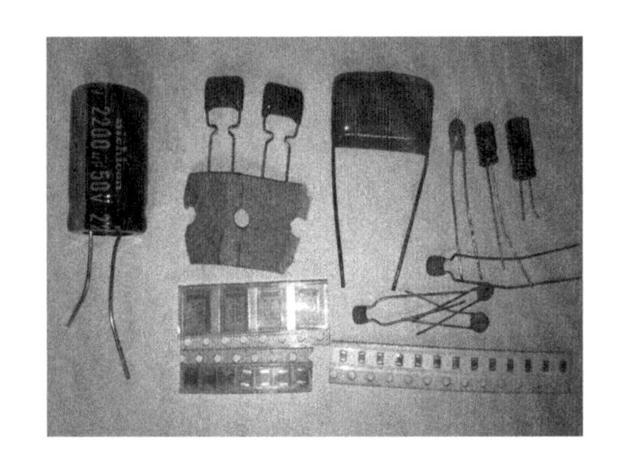

图 B-2　常见的电容元件

2. 电容的单位

电容元件通常用字母 C 表示。电容的基本单位是：F(法)，此外还有 μF(微法)、pF(皮法)，以及一个用得比较少的单位 nF(纳法)。由于电容 F 的容量非常大，所以我们看到的一般都是 μF、nF、pF，而不是 F。它们之间的具体换算关系如下：1 F $=10^6$ μF、1 μF $=10^3$ nF $=10^6$ pF。

3. 电容元件的耐压

额定工作电压是指电容器在电路中能够长期稳定、可靠工作，所承受的最大直流电压，又称为耐压。对于结构、介质、容量相同的器件，耐压越高，体积越大。每一个电容都有它的耐压值，这是电容的重要参数之一。普通无极性电容的标称耐压值有：63 V、100 V、160 V、250 V、400 V、600 V 等。有极性电容的耐压值相对要比无极性电容的耐压低，一般的标称耐压值有：4 V、6.3 V、10 V、16 V、25 V、35 V、50 V、63 V、80 V、100 V、220 V、400 V 等。

4. 电容元件的分类

电容器一般可以分为没有极性的普通电容器和有极性的电解电容。普通电容器分为固定电容器、半可调电容器(微调电容器)、可变电容器。固定电容器指一经制成后，其电容量不能再改变的电容器。

电容按电介质可以分为以下类别：

(1) 纸介电容器：一般容量在几十皮法(pF)到零点几微法(μF)，耐压有 250 V、400 V、630 V 等，容量误差一般为±5%、±10%、±20%。还有一种是金属化纸介电容器，其最大特点是具有有限的自愈能力。一般不能用于高频电路中，工作频率只有几十 kHz。

(2) 涤纶电容器。

(3) 聚苯乙烯电容器。

(4) 聚丙烯电容器。

(5) 聚四氟乙烯电容器。

(6) 聚酰亚胺薄膜电容器。

(7) 聚碳酸酯薄膜电容器。

(8) 复合薄膜电容器。

(9) 漆膜电容器。

(10) 叠片形金属化聚碳酸酯电容器。

(11) 云母电容器。

(12) 瓷介电容器：价格低廉、应用广泛，又分为低压低功率和高压高功率两种。低压低功率瓷介电容器按照所用材料的性能、特点可以分为Ⅰ和Ⅱ型。Ⅰ型的特点是介质损耗低，电容量对于温度、频率、电压、时间的稳定性都比较好，常用于高频电路。Ⅱ型的特点是体积小，但稳定性差，介质损耗大，常用于低频电路。超高频瓷介电容器，可用于频率不超过500 MHz的高频电路中。高压高功率瓷介电容器通常只适合在低损耗、功率不大的电路中使用。

(13) 玻璃釉电容器。

5. 电容元件的其他重要参数

电容除容量和耐压两个基本参数外，还有其他几个重要的特性参数：

(1) 容量与误差。误差是指实际电容量和标称电容量允许的最大偏差范围，一般分为3级：Ⅰ级±5%，Ⅱ级±10%，Ⅲ级±20%。在有些情况下，还有0级，误差为±20%。一般用字母表示：D代表±0.5%；F代表±1%；G代表±2%；J代表±5%；K代表±10%；M代表±20%。

(2) 温度系数。温度系数是指在一定温度范围内，温度每变化1℃电容量的相对变化值。温度系数越小越好。

(3) 绝缘电阻。绝缘电阻用来表明漏电大小。一般小容量的电容，绝缘电阻很大，为几百兆欧姆或几千兆欧姆。电解电容的绝缘电阻一般较小。相对而言，绝缘电阻越大越好，漏电也小。

(4) 损耗。损耗指在电场的作用下，电容器在单位时间内发热而消耗的能量。这些损耗主要来自介质损耗和金属损耗。损耗通常用损耗角正切值来表示。

(5) 频率特性。电容器的电参数随电场频率而变化。在高频条件下工作的电容器，由于介电常数比低频时小，电容量也相应减小，损耗也随频率的升高而增加。另外，在高频工作时，电容器的分布参数，如极片电阻、引线和极片间的电阻、极片的自身电感、引线电感等，都会影响电容器的性能，使得电容器的使用频率受到限制。同品种的电容器，其最高使用频率不同。小型云母电容器的使用频率在250 MHz以内；圆片型瓷介电容器为300 MHz；圆管型瓷介电容器为200 MHz；圆盘型瓷介可达3000 MHz；小型纸介电容器为80 MHz；中型纸介电容器只有8 MHz。

三、电感元件

1. 电感元件简介

用绝缘导线绕制的各种线圈称为电感。用导线绕成一匝或多匝以产生一定自感量的电子元件，常称为电感线圈或简称为线圈。为了增加电感量、提高Q值并缩小体积，常在线圈中插入磁芯。在高频电子设备中，印制电路板上一段特殊形状的铜皮也可以构成一个电感器，通常把这种电感器称为印制电感或微带线。在电子设备中，经常可以看到许多磁环与连接电缆构成一个电感器(电缆中的导线在磁环上绕几圈作为电感线圈)，它是电子电路中常用的抗干扰元件，对于高频噪声有很好的屏蔽作用，故被称为吸收磁环，由于通常使用铁氧体材料制成，所以又称铁氧体磁环(简称磁环)。电感可由电导材料盘绕磁芯制成，典型的如铜线，也可把磁芯去掉或者用铁磁性材料代替。一些电感元件的芯可以调节，由此可以改变电感大小。小电感能用一种铺设螺旋轨迹的方法直接蚀刻在PCB板上。小电感也可用与制造晶体管同样的工艺制造在集成电路中。图B-3为常见的电感元件。

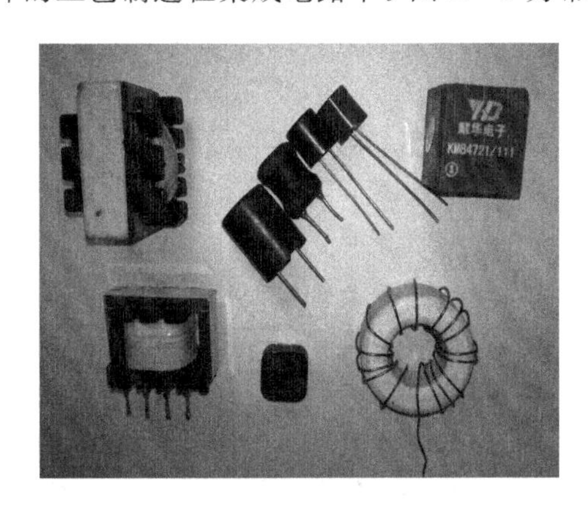

图B-3　常见的电感元件

2. 电感的单位

电感元件通常用字母L表示。由于电感是由美国的科学家约瑟夫·亨利发现的，所以电感的单位就是“亨利”，简称亨。电感单位有亨(H)、毫亨(mH)、微亨(μH)、纳亨(nH)，它们之间的换算关系为：1 H=10^3 mH=10^6 μH=10^9 nH。

电感线圈的电感量L的大小主要取决于线圈的圈数、结构及绕制方法等因素。电感线圈的匝数越多，绕制的线圈越密集，电感量越大；线圈内有磁心的比无磁心的大，磁心导磁率越大，电感量也越大。电感线圈的用途不同，所需的电感量也不同。例如，应用于短波波段的谐振回路，其电感线圈的电感量为几微亨，而应用于中波波段的谐振回路，其电感线圈的电感量则为数千微亨。在电源滤波中，电感线圈的电感量为1～30 H。

3. 电感元件的主要参数

电感元件除电感量外，还有其他几个重要参数。

(1) 允许偏差。它是指电感器上标称的电感量与实际电感的允许误差值。一般用于振荡或滤波等电路中的电感器，要求精度较高，允许偏差为±0.2%～±0.5%；而用于耦合、高频阻流等的线圈的精度要求不高，允许偏差为±10%～±15%。

(2) 品质因数。品质因数也称Q值或优值，是衡量电感器质量的主要参数。它是指电感器在某一频率的交流电压下工作时，所呈现的感抗与其等效损耗电阻之比。电感器的Q值越高，其损耗越小，效率越高。电感器品质因数的高低与线圈导线的直流电阻、线圈骨架的介质损耗及铁芯、屏蔽罩等引起的损耗等有关。

(3) 分布电容。分布电容指线圈的匝与匝之间、线圈与磁芯之间存在的电容。电感器的分布电容越小，其稳定性越好。

(4) 额定电流。额定电流是指电感器正常工作时所允许通过的最大电流值。若工作电流超过额定电流，则电感器就会因发热而使性能参数发生改变，甚至还会因过流而烧毁。

4. 电感元件的分类

(1) 按结构分类。电感器按其结构的不同可分为线绕式电感器和非线绕式电感器(多层片状、印刷电感等），还可分为固定式电感器和可调式电感器。可调式电感器又分为磁芯可调电感器、铜芯可调电感器、滑动接点可调电感器、串联互感可调电感器和多抽头可调电感器。

（2）按贴装方式分类。电感器按其贴装方式可分为贴片式电感器、插件式电感器。同时对电感器有外部屏蔽的称为屏蔽电感器，线圈裸露的一般称为非屏蔽电感器。固定式电感器又分为空芯电子表感器、磁芯电感器、铁芯电感器等。

（3）根据其结构外形和引脚方式分类。电感器按其贴装方式还可分为立式同向引脚电感器、卧式轴向引脚电感器、大中型电感器、小巧玲珑型电感器和片状电感器等。

（4）按工作频率分类。电感按工作频率可分为高频电感器、中频电感器和低频电感器。空芯电感器、磁芯电感器和铜芯电感器一般为中频或高频电感器，而铁芯电感器多数为低频电感器。

（5）按用途分类。电感器按用途可分为振荡电感器、校正电感器、显像管偏转电感器、阻流电感器、滤波电感器、隔离电感器、补偿电感器等。振荡电感器又分为电视机行振荡线圈、东西枕形校正线圈等。显像管偏转电感器分为行偏转线圈和场偏转线圈。阻流电感器（也称阻流圈）分为高频阻流圈、低频阻流圈、电子镇流器用阻流圈、电视机行频阻流圈和电视机场频阻流圈等。滤波电感器分为电源（工频）滤波电感器和高频滤波电感器等。

参考文献

[1] 邱关源. 电路. 4版. 北京：高等教育出版社，1999.
[2] 周长源. 电工基础：中册. 修订本. 北京：高等教育出版社，1965.
[3] 李瀚荪. 电路分析基础. 3版. 北京：高等教育出版社，1993.
[4] 胡君良. 电路基础实验. 西安：西北工业大学出版社，2010.